로지에의 원시적 오두막집

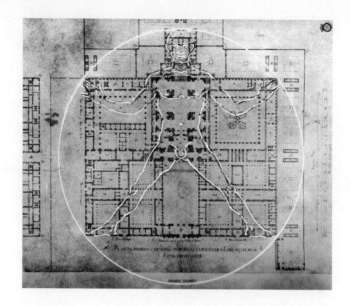

엘 에스코리알 궁전 평면도

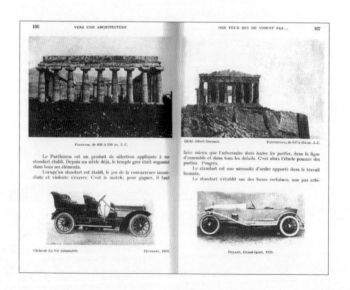

르 코르뷔지에의 파르테논과 자동차

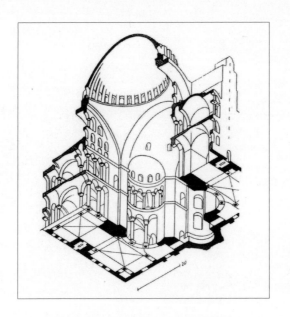

오귀스트 슈아지의 액소노메트릭 도법

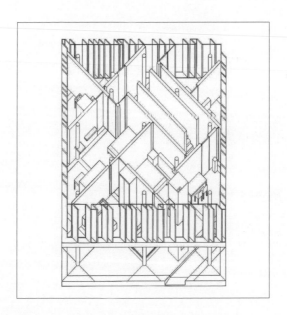

존 헤이덕의 다이아몬드 프로젝트

고대 도시 팀가드

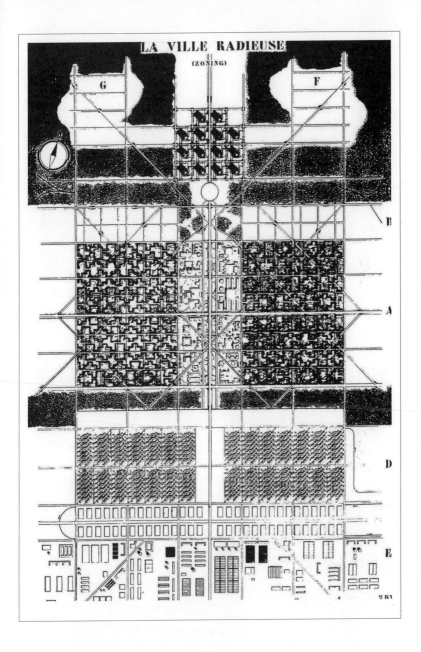

르 코르뷔지에의 빛나는 도시

헤르초크와 드 뫼롱의 비트라 하우스

알바 알토의 리스틴 교회

구아리노 구아리니의 산 로렌초 교회 돔

렘 콜하스의 보르도 주택

안토니 가우디의 카사 밀라

베르사유 궁전

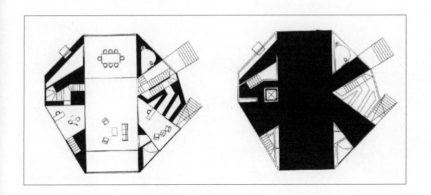

렘 콜하스의 카사 다 무지카

미스 반 데어 로에의 크뢸러뮐러 주택

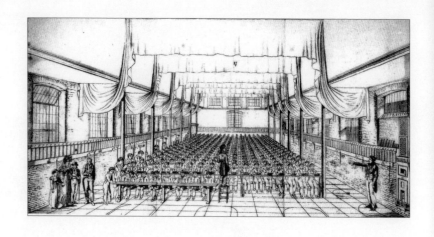

17세기 학교의 빌딩 타입

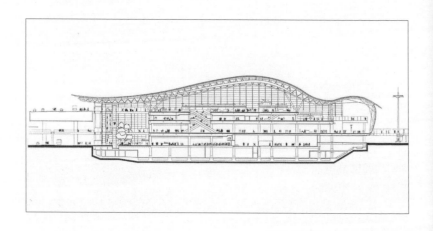

렌초 피아노의 간사이국제공항 여객터미널 평면도

12세기 건축가 위그 리베르지에

몽고메리 워드 안내서

파리식물원

노스랜드센터 전경

대학가의 Room and Cafe

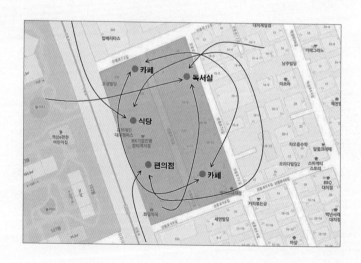

학생 Y 의 발표 자료

19세기 파사주 풍경

베이징의 798 예술구

세우는 자, 생각하는 자

건축강의 2: 세우는 자, 생각하는 자

2018년 3월 5일 초판 발행 ❍ 2019년 3월 4일 2쇄 발행 ❍ **지은이** 김광현 ❍ **펴낸이** 김옥철 ❍ **주간** 문지숙
책임편집 오혜진 ❍ **편집** 우하경 최은영 이영주 ❍ **디자인** 박하얀 ❍ **디자인 도움** 남수빈 박민수 심현정
진행 도움 건축의장연구실 김진원 성나연 장혜림 ❍ **커뮤니케이션** 이지은 박지선 ❍ **영업관리** 강소현
인쇄·제책 한영문화사 ❍ **펴낸곳** (주)안그라픽스 우 10881 경기도 파주시 회동길 125-15
전화 031.955.7766(편집) 031.955.7755(고객서비스) ❍ **팩스** 031.955.7744 ❍ **이메일** agdesign@ag.co.kr
웹사이트 www.agbook.co.kr ❍ **등록번호** 제2-236(1975.7.7)

© 2018 김광현
이 책의 저작권은 지은이에게 있으며 무단 전재와 복제는 법으로 금지되어 있습니다.
정가는 뒤표지에 있습니다. 잘못된 책은 구입하신 곳에서 교환해 드립니다.

이 책의 국립중앙도서관 출판예정도서목록(CIP)은 서지정보유통지원시스템 홈페이지(seoji.nl.go.kr)와
국가자료공동목록시스템(nl.go.kr/kolisnet)에서 이용하실 수 있습니다.
CIP제어번호: CIP2018004232

ISBN 978.89.7059.939.7 (94540)
ISBN 978.89.7059.937.3 (세트) (94540)

세우는 자, 생각하는 자

김광현

건축강의

2

안그라픽스

일러두기

1 단행본은 『 』, 논문이나 논설·기고문·기사문·단편은 「 」, 잡지와 신문은 《 》,
   예술 작품이나 강연·노래·공연·전시회명은 〈 〉로 엮었다.

2 인명과 지명을 비롯한 고유명사와 건축 전문 용어 등의 외국어 표기는
   국립국어원 외래어표기법에 따라 표기했으며, 관례로 굳어진 것은 예외로 두었다.

3 원어는 처음 나올 때만 병기하되, 필요에 따라 예외를 두었다.

4 본문에 나오는 인용문은 최대한 원문을 살려 게재하되,
   출판사 편집 규정에 따라 일부 수정했다.

5 책 앞부분에 모아 수록한 이미지는 해당하는 본문에 ˙으로 표시했다.

건축강의를 시작하며

이 열 권의 '건축강의'는 건축을 전공으로 공부하는 학생, 건축을 일생의 작업으로 여기고 일하는 건축가 그리고 건축이론과 건축의장을 학생에게 가르치는 이들이 좋은 건축에 대해 폭넓고 깊게 생각할 수 있게 되기를 바라며 썼습니다.

좋은 건축이란 누구나 다가갈 수 있고 그 안에서 생활의 진정성을 찾을 수 있습니다. 좋은 건축은 언제나 인간의 근본에서 출발하며 인간의 지속하는 가치를 알고 이 땅에 지어집니다. 명작이 아닌 평범한 건물도 얼마든지 좋은 건축이 될 수 있습니다. 그렇지 않다면 우리 곁에 그렇게 많은 건축물이 있을 필요가 없을 테니까요. 건축설계는 수많은 질문을 하는 창조적 작업입니다. 그럴 뿐만 아니라 말하고, 쓰고, 설득하고, 기술을 도입하며, 법을 따르고, 사람의 신체에 정감을 주도록 예측하는 작업입니다. 설계에 사용하는 트레이싱 페이퍼는 절반이 불투명하고 절반이 투명합니다. 반쯤은 이전 것을 받아들이고 다른 반은 새것으로 고치라는 뜻입니다. '건축의장'은 건축설계의 이러한 과정을 이끌고 사고하며 탐구하는 중심 분야입니다. 건축이 성립하는 조건, 건축을 만드는 사람과 건축 안에 사는 사람의 생각, 인간에 근거를 둔 다양한 설계의 조건을 탐구합니다.

건축학과에서는 많은 과목을 가르치지만 교과서 없이 가르치고 배우는 과목이 하나 있습니다. 바로 '건축의장'이라는 과목입니다. 건축을 공부하기 시작하여 대학에서 가르치는 40년 동안 신기하게도 건축의장이라는 과목에는 사고의 전반을 체계화한 교과서가 없었습니다. 왜 그럴까요?

건축에는 구조나 공간 또는 기능을 따지는 합리적인 측면도 있지만, 정서적이며 비합리적인 측면도 함께 있습니다. 집은 사람이 그 안에서 살아가는 곳이기 때문입니다. 게다가 집은 혼자 사는 곳이 아닙니다. 다른 사람들과 함께 말하고 배우고 일하며 모여 사는 곳입니다. 건축을 잘 파악했다고 생각했지만 사실은 아주 복잡한 이유가 이 때문입니다. 집을 짓는 데에는 건물을 짓고자 하는 사람, 건물을 구상하는 사람, 실제로 짓는 사람, 그 안에 사는 사람 등이 있습니다. 같은 집인데도 이들의 생각과 입장은 제 각기 다릅니다.

건축은 시간이 지남에 따라 점점 관심을 두어야 지식이 쌓이고, 갈수록 공부할 것이 늘어납니다. 오늘의 건축과 고대 이집트 건축 그리고 우리의 옛집과 마을이 주는 가치가 지층처럼 함께 쌓여 있습니다. 이렇게 건축은 방대한 지식과 견해와 판단으로 둘러싸여 있어 제한된 강의 시간에 체계적으로 다루기 어렵습니다.

그런데 건축이론 또는 건축의장 교육이 체계적이지 못한 이유는 따로 있습니다. 독창성이라는 이름으로 건축을 자유로이 가르치고 가볍게 배우려는 태도 때문입니다. 이것은 건축을 단편적인 지식, 개인적인 견해, 공허한 논의, 주관적인 판단, 단순한 예측 그리고 종종 현실과는 무관한 사변으로 바라보는 잘못된 풍토를 만듭니다. 이런 이유 때문에 우리는 건축을 깊이 가르치고 배우지 못하고 있습니다.

'건축강의'의 바탕이 된 자료는 1998년부터 2000년까지 3년 동안 15회에 걸쳐 《이상건축》에 연재한 「건축의 기초개념」입니다. 건축을 둘러싼 조건이 아무리 변해도 건축에는 변하지 않는 본질이 있다고 여기고, 이를 건축가 루이스 칸의 사고를 따라 확인하고자 했습니다. 이 책에서 칸을 많이 언급하는 것은 이 때문입니다. 이 자료로 오랫동안 건축의장을 강의했으나 해를 거듭할수록 내용과 분량에서 부족함을 느끼며 완성을 미루어왔습니다. 그러다가 이제야 비로소 이 책들로 정리하게 되었습니다.

'건축강의'는 서른여섯 개의 장으로 건축의장, 건축이론, 건축설계의 주제를 망라하고자 했습니다. 그리고 건축을 설계할 때의 순서를 고려하여 열 권으로 나누었습니다. 대학 강의 내용에 따라 교과서로 선택하여 사용하거나, 대학원 수업이나 세미나 주제에 맞게 골라 읽기를 기대하기 때문입니다. 본의 아니게 또 다른 『건축십서』가 되었습니다.

1권 『건축이라는 가능성』은 건축설계를 할 때 사전에 갖추고 있어야 할 근본적인 입장과 함께 공동성과 시설을 다룹니다.

건축은 공동체의 희망과 기억에서 성립하는 존재이며, 물적인 존재인 동시에 시설의 의미를 되묻는 일에서 시작하기 때문입니다.

2권『세우는 자, 생각하는 자』는 건축가에 관한 것입니다. 건축가 스스로 갖추어야 할 이론이란 무엇이며 왜 필요한지, 건축가라는 직능이 과연 무엇인지를 묻고 건축가의 가장 큰 과제인 빌딩 타입을 어떻게 숙고해야 하는지를 밝히고자 했습니다.

3권『거주하는 장소』에서는 건축은 땅에 의지하여 장소를 만들고 장소의 특성을 시각화하므로, 건축물이 서는 땅인 장소와 그곳에서 거주하는 의미를 살펴봅니다. 그리고 장소와 거주를 공동체가 요구하는 공간으로 바라보고, 이를 사람들의 행위와 프로그램으로 해석하였습니다.

4권『에워싸는 공간』은 건축 공간의 세계 속에서 인간이 정주하는 방식을 고민합니다. 내부와 외부, 인간을 둘러싸는 공간 등과 함께 근대와 현대의 건축 공간, 정보와 건축 공간 등 점차 다양하게 확대되는 건축 공간을 기술하고 있습니다.

5권『말하는 형태와 빛』에서는 물적 결합 형식인 형태와 함께 형식, 양식, 유형, 의미, 재현, 은유, 상징, 장식 등과 같은 논쟁적인 주제를 공부합니다. 이는 방의 집합과 구성의 문제로 확장됩니다. 또한 건축에 생명을 주는 빛의 존재 형식을 탐구합니다.

6권『지각하는 신체』는 건축이론의 출발점인 신체에 관해 살펴봅니다. 또 현상으로 지각되는 건축물의 물질과 표면은 어떤 것이며, 시선이 공간과 어떤 관계를 맺는지 공간 속의 신체 운동과 경험을 설명합니다.

7권『질서의 가능성』은 질서의 산물인 건축물을 이루는 요소의 의미를 생각하고, 물질이 이어지고 쌓이는 구축 방식과 과정을 살펴봅니다. 그리고 건축의 기본 언어인 다양한 기하학의 역할을 분석합니다.

8권『부분과 전체』는 건축이 수많은 재료, 요소, 부재, 단위 등으로 지어질 수밖에 없는 점에 주목해 부분과 전체의 관계로 논의합니다. 그리고 고전, 근대, 현대 건축에 이르는 설계 방식을 부분에서 전체로, 전체에서 부분으로 상세하게 해석합니다.

　9권『시간의 기술』은 건축을 시간의 지속, 재생, 기억으로 해석합니다. 그리고 속도로 좌우되는 현대도시에 대응하는 지속 가능한 사회의 건축을 살펴봅니다. 이와 함께 건축을 진보시키면서 건축의 표현을 바꾼 기술의 다양한 측면을 정리합니다.

　10권『도시와 풍경』은 건축이 도시를 적극적으로 만든다는 관점에서 건축과 도시의 관계를 해석합니다. 그리고 건축에 대하여 이율배반적이면서 상보적인 배경인 자연을 통해 새로운 건축의 가능성을 찾고, 건축과 자연 사이에서 성립하는 풍경의 건축을 다룹니다.

이 열 권의 책은 오랫동안 나의 건축의장 강의를 들어준 서울대학교 건축학과 학부생과 대학원생 그리고 나와 함께 건축을 연구하고 토론해준 건축의장연구실의 모든 제자가 있었기에 가능했습니다. 더욱이 이 많은 내용을 담은 책이 출판되도록 세심하게 내용을 검토하고 애정을 다해 가꾸어주신 안그라픽스 출판부는 이 책의 가장 큰 협조자였습니다. 큰 감사를 드립니다.

2018년 2월 관악 캠퍼스에서
김광현

서문

건축을 배우고, 건축가가 되어, 건물을 설계하는 과정에서 늘 근간이 되는 것이 있다. 그것은 건축가가 지녀야 할 건축이론인 '건축의장'이다. 건축이론은 폭이 넓어서 건축 역사와 건축 비평으로도 이어질 수 있다. 그러나 건축의장은 건축가를 위한 것이며, 건축가가 바로 알아야 할 건축이론이다.

이 책『세우는 자, 생각하는 자』에서 다루는 건축이론은 우리 사회가 어떻게 건축을 바라보아야 할 것인가를 분명히 하는 데 진정한 가치가 있다. 건축이론은 배워야 할 내용이 많아서 책 몇 권으로는 터득되지 않는다. 건축가로 활동하는 가운데 계속 배우고 생각해야 하기 때문이다. 진정성 있는 건축물을 만들기 위해 젊을 때부터 노력해야 시간이 흐르면서 점차 넓고 깊어진다.

이 책은 먼저 역사적으로 논의되어온 중요한 개념을 통해 건축가에게 왜 반드시 건축이론이 있어야 하는지를 밝힌다. 시대와 문화를 막론하고 수많은 사람을 거친 '생각'을 나와 관계없다고 단정할 수는 없을 것이다. 이론 없는 건축이 없듯이, 이론 없는 건축가도 없다. 2000년 전 비트루비우스가『건축십서』를 썼고, 르코르뷔지에가 활발한 저술 활동을 전개했으며, 과묵했다는 미스 반 데어 로에가 알고 보면 훌륭한 건축이론가였듯이 말이다.

건축이론은 나를 위한 것인 동시에 사회의 요구를 건축으로 실천하고 그 생각을 다른 이들과 공유하기 위한 것이다. '말'이란 생각하고 상상하며 표현하는 생산적인 힘을 가지고 있다. 이는 건축가에게 대단히 중요한 요소다. 건축가는 작업 과정에서 수없이 그리고 만드는 다이어그램과 도면, 모델만이 아니라 문장으로도 건축을 말할 수 있다.

건축이론은 결국 '설득'이다. 건축은 혼자 하는 것이 아니라 여러 사람이 의견을 나누고 협력해야 완성되는 사회적 산물이다. 나를 설득할 수 있어야 다른 이를 설득할 수 있고, 그래야 집단의 생각을 한데 모을 수 있다. 건축가는 함께 일하는 동료뿐 아니라 건축주와 주민들, 나아가 사회를 향해 목소리를 낸다. 지속적으로 공부하지 않고 스스로의 이론을 가벼이 여기면, 생각을 모을 수도, 문제를 파악할 수도 없을지 모른다. 건축을 사회적인 산물이라고 하면서 누군가를 설득할 수 있는 자신만의 이론조차 없다면, 과연 무엇으로 주거와 공동체, 지역, 전통, 문화, 산업을 논의할 수 있을 것인가.

이 책은 건축이론과 합슴을 이루는 논제, '건축가는 무엇 하는 사람인가'에 관해 다룬다. 건축설계는 열심히 하면서도 정작 건축가가 무엇을 해야 하는 사람인지는 깊이 생각하지 않는다. 건축가는 짓는 사람이면서 생각하는 사람이고, 건축을 통해 사회에 공언하는 사람이다. 건축가의 사회적 직능을 인식하는 일은 건축이론의 방향성을 묻는 것과 같다.

건축은 주택, 학교, 사무소, 공장 등 '빌딩 타입'으로 사회생활을 담는다. 오늘의 빌딩 타입은 눈에 띄지 않게 변화하고 새롭게 나타나기도 하여 그다지 관심을 받지 못한다. 그러나 도시에서는 별다른 반성 없이 근대주의에 고정된 빌딩 타입을 답습하고 있는 것이 현실이다. 건축가의 가장 큰 과제는 예술적이고 아름다운 건물을 만드는 것에 있지 않고, 바로 이 고정된 타입을 경신하는 데 있다. 따라서 건축가가 지녀야 할 이론은 1권에서 논의한 '시설'의 개념에 근거해 빌딩 타입을 어떻게 해석할 것인가에서 시작된다고 할 수 있다.

1장   건축과 이론

2장   건축과 말

3장   건축가라는 사람

4장   건축가의 숙제

1장

건축과 이론

건축이론이 건축설계에 관한 이론이 되려면
'건축이란 무엇인가'를 묻기보다
'건축을 어떻게 생각해야 하는가'를 물어야 한다.

건축이론

이론, '나'의 확립
건축을 어떻게 생각해야 하는가

건축가에게 가장 중요하고 가까운 분야는 건축의장建築意匠이며, 건축의장과 가장 가까운 분야가 건축이론建築理論이다. '건축이론'은 건축에 대한, 건축의 이론이다. 영어로 'Theory of Architecture'이며 '건축론'이라고 부르기도 한다. 건축이론이란 특정한 건축물을 만드는 데 도움이 되는 규범적인 지식을 주기보다 건축을 종횡으로 파악하려는 분야다.

이론theory이라는 개념은 그 자체를 생각하지 않고 문학이론, 음악이론, 상대성이론 등 어떤 특정한 분야에 붙는다. 우리는 일반적으로 이론을 통해야 비로소 무언가를 할 수 있다는 통념이 있다. 그러나 이론은 보편적인 진실을 잡는 체계가 아니다. 어떤 영역이 그 안에서 논의되는 여러 사항을 자의적인 것으로 놓아두지 않고, 누구나 실천할 수 있도록 규칙으로 세워 논리적으로 다루는 것이다. 이론은 실재에 관해 명확하게 정의된 지식은 아니어서, 잘 따라 한다고 모든 것이 가능해지지는 않는다. 그리고 정밀하게 따지기는 하나 우리에게 늘 유익한 것도 아니다.

건축이론은 과학의 이론과 다르다.[1] 이론이 합리화라고는 하나 건축가가 만든 건물이 합리화 과정으로만 완성되는 것은 아니기 때문이다. 건축에서 이론은 설계가 이루어지기 이전에 이미 있는 무언가를 아는 것이 아니며, 그것만 안다고 설계가 끝나는 독립적인 개념도 아니다. 앞서 말했듯이 건축이론은 보편적인 진실을 체계로 다루지 않을 뿐더러, 실제로 건축에 대한 제반 사항을 치밀하게 따져 관계 지은 지식도 아니다. 또한 모든 사람이 수긍하는 것이 아니므로, 제시하는 이론에서 동의하고 경쟁할 만한 가치가 있는 원리를 보여주어야 한다. 한편 설계와 실천에 '관여하지 않고 구경'하는 것으로 머무를 우려는 늘 있다.

건축이론이란 건축의 본원을 묻는 학學이자 이론이고 논리다. 또한 건축을 전일적소—的으로 파악하려는 학문의 이름이다. 흔히 건축이론를 말할 때 '건축이란 무엇인가'를 묻는 영역, 건축을 가능한 한 전일적으로 파악하여 그 본질을 밝히고 고찰하는 행위라고 하는데, 이것만으로는 충분하지 않다.

　　사람에 따라서는 '건축이란 무엇인가'라는 물음에 대한 대답을 추구하는 영역을 건축이론이라고 본다. 그러나 건축이론이 무엇을 하는 학문인가를 확정 지어 규명하는 것은 분명하지 않은 일이다. 저마다 가치관이 달라서 이 물음에 대해 여러 정의를 내릴 수 있으니, 대답도 다양해질 수밖에 없다. 건축을 설계하고 시공하는 사람의 답이 다르고, 건축을 사용하는 사람에 따라 또 다르다. 오늘날은 건축이론이 하나로 엮이지도 않는다. 건축의 공간, 형태, 장소, 구성, 풍경 등으로 나누어 논의되기 때문이다. 여기에 건축가가 생각하는 작품 제작, 의장에 관한 이론적 고찰, 나아가 비평에 이르기까지 이론의 대상도 다양해졌다. 또 존재론, 현상학, 기호론, 구조주의, 탈구조주의 등 타 분야 이론과 공유하는 입장을 취한다. 이처럼 건축이론은 다른 분야처럼 통합되며 점진적으로 수정되는 이론이 아니다.

　　그러나 건축이론을 남긴 인물은 많다. 기원전 마르쿠스 비트루비우스 폴리오Marcus Vitruvius Pollio에서 시작한 계보는 1400년대의 레온 바티스타 알베르티Leon Battista Alberti로 이어진다. 이들은 유럽 고전건축을 규명하고 정리했다. 그런가 하면 예수회 신부인 마르크앙투안 로지에Marc-Antoine Laugier나 건축가 고트프리트 젬퍼Gottfried Semper, 외젠 비올레르뒤크Eugène Viollet-le-Duc와 같은 인물이 고전건축의 한계를 지적하고 근대건축으로 이끌었다. 지그프리트 기디온Sigfried Giedion은 시간과 공간 개념으로 근대건축의 이론을 정립했고, 비평가 레이너 밴험Reyner Banham은 이러한 근대건축의 약점을 통쾌하게 증명해 그 이후 건축을 다시금 사고하게 했다. 'Theory of Architecture' 또는 'Architectural Theory'라는 이름으로 출간된 책은 건축에 관한 수많은 문제를 다룬, 역사적으로 인정받은 문헌을 모아서 소개하는 것이 대부분이다.[2]

그런데 이것들은 대부분 '건축을 어떻게 생각해야 하는가'에 관한 것이었지, '건축이란 무엇인가'를 물은 것이 아니다. 건축이론을 연구하는 학자들은 건축이란 무엇인지를 학문으로서 전일적으로 파악하려고 노력하지만, 건축이론은 학자들의 정리만으로 해결되는 것이 아니다. 무수한 건축가와 건축이론가가 시대에 대한 의식으로 논의한 것을 모으면 역사에서 누적되고 갱신된다.

앞에서도 언급했듯이 '건축이란 무엇인가'라는 물음은 어떤 전제에서 시작하는 것이다. 건축이론이 건축설계에 관한 이론이 되려면 '건축이란 무엇인가'를 묻기보다 오히려 '건축을 어떻게 생각해야 하는가'를 묻는 학문 영역이어야 한다. '건축을 어떻게 생각해야 하는가'는 그 대상이 열려 있으며 생각하는 대상과 방법을 탐구한다.

오늘날 '나'라는 문제

건축이론이라고 할 만한 것은 17세기에 들어와 정비되었다. 당시 중요한 생각들은 대개 한두 군데 정도인 아카데미에서 강의나 논문을 통해 설명되었을 뿐이다. 그러다 계몽주의 시대에 이르러 미처 학술적이지 못한 관점이 비로소 공공의 장으로 나갔고, 다른 학술처럼 교의를 수용하고자 노력하기 시작했다. 19세기에는 국가가 스스로의 정체성을 부각하는 데 많은 노력을 기울였으므로, 국가를 위해 지은 건축물은 이와 관련된 이론을 개발해야 했다. 이때 정기적으로 발행되는 건축 잡지가 보급되면서 건축이론에 관한 논설이 급격히 확대되기에 이르렀다.

20세기에는 건축을 만드는 방식에 변화가 생겼다. 이전에는 건축가가 후원자나 건축주와 분명한 관계에 있었으나, 20세기에 들어와서 시민이나 대중을 상대로 하는 건물이 많아지자 객관적으로 설명할 수 있는 언어가 필요해졌다. 건축가는 자신의 건축에 대하여 분명하게 말해야 했으므로, 강의나 논문 형식이 아닌 선언문의 형식으로, 또는 다이어그램이나 간단한 스케치를 덧붙여 자신의 건축적 입장을 밝힐 수 있어야 했다.

건축이론은 반드시 학교에서 이루어진 것만이 아니라 다양한 조건과 방식으로 표명되었다. 대부분 이미 있는 것에 대한 자신의 입장과 정의였으며, 과거에 대한 비판이 주요 논점이었다. 따라서 그것이 치밀하든 그렇지 못하든 건축이론은 건축적 사고의 역사라고 할 수 있다.

근대건축의 미술공예운동은 '공방'이라는 제작 조직을 형성했고, 이와 함께 활발하게 이론을 전개했다. 게다가 자신의 이론과 주장을 길드적인 도제 교육만이 아니라 제품을 통해 사회 전체에 표현했다. 따라서 이들은 제작과 이론으로 사회에서 자신의 입장을 견지한, 바꾸어 말하면 '나'를 확립한 첫 번째 근대 운동이었다. 이처럼 근대사회에서 건축이론은 사회에서 '나'를 바로 세우는 일이었다.

'나'를 확립하려면 공부해야 한다. 그런데 건축을 공부하는 사람들 가운데 중고등학교 시절부터 시작하는 이들은 거의 없다. 또 마흔 살이 넘어 건축이론서를 처음으로 펼쳐 드는 사람도 거의 없다. 10대는 너무 이르고, 40대는 너무 늦다. 만일 40대 이후 처음으로 건축서를 펼쳐 드는 건축가가 있다면 그는 건축가가 아닐 것이다. 건축을 하지 않는 이들도 이미 건축서를 읽고 있기 때문이다. 40-50대에 시작한들 건축가로서의 '나'는 확립되지 않는다. 건축에서 '나'를 확립하고자 흥미를 가지고 공부를 시작하는 나이는 다름 아닌 20대다. 이때부터 지속적으로 노력하여 이론을 공부하는 사람이 건축에서 '나'를 확립할 수 있다.

건축이론을 탐구하면 이제까지 논의된 다른 이들의 생각을 접하게 된다. 그러나 이는 어디까지나 건축을 사고하는 계기이며, '나'의 문제가 어떤 것인지를 파악하기 위한 것이다. 건축이론에 등장하는 수많은 인물의 이론을 완성된 것으로 여기면 안 된다. 건축이론은 가능성을 파악하기 위한 단면이다.

건축을 하는 나는 '나'를 확립하고자 하는가? 그렇다면 이 점을 기억하라. 수많은 건축이론은 이전 것을 부정하고 새로운 것만 논의하지 않는다. 아무 것도 없는 대지에 집을 새로 짓기도 하고, 있던 집을 부수고 다시 짓기도 한다. 이것이 신축이다. 건축이론도 이러한 건축설계와 다르지 않다. 과학 분야에서처럼 합리적이고 새로운 것만 생각하지는 않는다. 건축물은 증축과 개축으로 늘려 짓고 고쳐서도 짓는다. 그뿐인가? 보존도 있다. 보존은 옛 건물을 그대로 잘 간직하는 것으로, 과거의 이론을 남기고 탐구하려는 시도다. 동시에 전통에 대한 애착이기도 하다. 건축에서는 역사도 배우고 공학도 배운다. 공학이란 늘 새로운 것을 향하지만, 역사는 그 시선이 과거로 향한다. 건축이론은 건축설계에 관한 것이므로 설계의 대상이 되는 방식을 그대로 가지고 있다. 다시 말해 건축이론이란 옛것에 새것을 붙이고 늘여서 생각하고, 또 옛것을 활용하여 새로운 생각으로 고치는 것이다.

테오리아의 테오로스
떨어져 관찰하는 방식

2006년 프리츠커건축상을 받은 브라질 건축가 파울루 멘지스 다 호샤Paulo Mendes da Rocha는 건축가가 이론을 갖는다는 사실과 태도에 대해 이렇게 말했다. "나는 이론가가 아니다. 건축이론에 관한 문제에 골몰해본 적은 결코 없었다. 내게 건축이론이란 '내가 이 문제들을 관찰하는' 방식을 뜻하며, 아카데믹한 활동이나 건축이론 영역에서처럼 그런 관찰을 어떻게든 체계화하려는 열망과는 전혀 관계가 없다."[3]

자신이 이론가가 아니라는 그의 말은 건축이론이 필요없다는 뜻이 아니다. 또 건축이론에 관한 문제에 골몰해본 적이 결코 없었다는 것은 이론적인 것에 골몰하지 않아도 된다는 뜻이 아니다. 건축이론을 학술적으로 다루는 건축이론이 있고, 건축가로서 갖추어야 할 건축이론이 따로 있다는 의미다. 그에게 건축이론은 "자신의 문제를 관찰하는 방식"에 있다고 강조한다. 그렇다면 그가 말하는 '관찰하는 방식'이란 과연 어떤 뜻일까?

본래 이론을 뜻하는 영어 'theory'는 고대 그리스어 '테오리아theoria, θεωρία'에서 나왔다. 주시하는 것, 관조contemplation, 사색

speculation이라는 의미다. 또 이 단어는 '테오로스theoros'에서 나왔는데 테아thea, 조망하는 것와 오란horan, 보는 것을 합한 것이다. 그 뜻은 '관객'이다. 테오로스인 관객은 '관여하지 않고 구경한다', 곧 관상觀想, 관조觀照하는 사람이다. 한편 'theorein'에서 파생된 '만드는 것theorizing'은 보는 행위나 과정을 뜻한다.

건축을 가르치는 데이비드 레더배로David Leatherbarrow 교수는 이 'contemplation'이라는 단어가 라틴어와 그리스어인 'templum temple, 신전'과 'temenos神域, 신역'에서 비롯되었음에 주목한다.[4] 이것은 다른 땅에서 신전이 서 있는 땅을 '잘라낸다cut-off'는 뜻이다. 따라서 관조되는 장소와 관조하는 사람은 분리되어 있다. 그는 contemplation이 한 걸음 떨어져 신을 보는 것이라고 했다. 나아가서 좋은 것, 언제나 그렇게 있어야 할 것, 변하지 않는 것을, '지금' 보는 것이라고 설명한다. 당시 사람들은 건물 밖에서 파사드façade를 보는 것이 그 안을 관조하는 행위라고 여겼다.

아리스토텔레스는 살아 있는 것이 가장 행복한 때가 고유한 기능을 충분히 발휘할 때라고 생각했다. 새의 고유한 기능은 나는 것이다. 그래서 자유로이 날고 있을 때가 새에게는 가장 행복한 순간이다. 그는 사람의 고유한 기능을 이성이라고 생각했으며, 인간이 가장 행복한 상태는 이성을 움직여 사물을 탐구하고 있을 때라고 여겼다. 그리고 이러한 상태가 테오리아라고 했다.

그래서 테오리아를 실천praxis이나 제작poesis과 구별하고 인간에게 궁극적인 활동이라고 보았다. 왜냐하면 실천이나 제작은 앎을 수단으로 파악하지만, 테오리아는 앎 자체를 목적으로 삼고 있기 때문이다. 그래서 아리스토텔레스는 신들의 관점을 가지고 사는 것bios theoretikos 또는 vita contemplativa이 가장 행복한 생활teleia eudaimonia이라고 강조했다. 본다는 뜻의 'thea'와 신이라는 뜻의 'theos'를 구별하기란 어려운 일이다. 결국 테오리아theoria는 신theos을 보는 경험이다. 이성을 움직여 사물을 탐구하고 있을 때의 가장 행복한 상태를 테오리아라고 했다니, 지금 생각해보면 그는 참 이상한 태도로 테오리아를 정의했다.

그런데 언제부턴가 이 개념이 '축제에 참가하는 경험'을 뜻하게 되었다. 키케로Cicero의 전언에 따르면 피타고라스Pythagoras는 축제에 참가한 세 종류의 사람을 예로 들며 자신을 철학자로 구별했다고 한다. 한 사람은 이기려는 마음에 경기에 나간 사람이고, 다른 사람은 그곳에 모여든 사람들과 함께 즐기거나 돈을 벌려는 사람이다. 세 번째 사람은 철학가이자 관객theoros으로, 명성을 얻거나 돈을 벌고자 한 것이 아니고 단지 눈에 보이는 신들의 측정된 움직임을 관찰하고 이해하기 위해 간 사람이다. 'theoretical이론적'이란 이런 관점에서 경기나 연극을 바라보는 일이다.

고대 그리스 극장의 객석을 테아트론theatron이라고 한다. 여기서 보는 행위는 그저 눈으로 바라보는 것이 아니라 의아해하고 의문을 갖고 보는 것이다. 따라서 테아트론은 관객인 테오로스가 신화와 종교적 연극을 의아해하며 보는 장소다. 테오로스인 관객은 이상한 것을 보려고 길을 떠나는 자이기도 하다. 이 단어가 변하여 극장을 뜻하는 영어 'theater'가 되었다. 테오로스인 관객이 '관여하지 않고 구경한다' 함은 실천과는 떨어진 상태에서 저편을 바라보는 것과 같다. 그리고 실용적인 목적을 떠나 순수하게 사물의 본질을 인식하려고 하는 행위를 가리키며, 이는 '끝까지 모두 훑어봄'을 뜻한다.

건축학에서는 건축설계를 제외한 나머지 과목을 '이론 과목'이라고 부르며 '건축이론'이라 통칭한다. 이것은 잘못이다. 건축시공학이라고 하면 건축물을 시공하는 학문이지만, 건축의 무엇을 어떻게 시공하는지에 의문을 가지지 않는다. 건축계획은 건축물의 계획을 다루는 학문이지만, 건축의 무엇을 계획하는지 의문을 가지지 않는다. 이 과목에서 실천이나 제작은 다른 무언가를 위한 수단으로 앎을 파악하고 있기 때문이다. 그러나 건축이론은 다르다. 건축이론은 건축이 무엇을 해낼 수 있을까를 늘 묻는다. 아는 것 자체를 목적으로 삼고 있기 때문이다.

건축가는 테오로스

파울루 멘지스 다 호샤가 "자신의 문제를 관찰하는 방식"이 자신의 건축이론이라고 말했을 때, '관찰한다'는 테오리아의 본질을 말한다. 우리는 이론을 늘 실천실무과 연계해 생각한다. 이론은 실천과 관계를 맺고 있음은 물론, 사실이나 인식을 통일적으로 설명해야 하며, 실천이 앞으로 어떻게 나아가야 할지에 대한 지침이 될 수 있는 보편적이며 체계적인 지식을 의미해야 한다. 따라서 건축이론도 실천에 대한 다양한 사고를 이어 보고 그 차이를 중재하는 담론의 과정으로 여기고 있다.

고대 그리스에서 테오리아의 본뜻이 '관상하다, 관찰하다'인 것은, 이론이 반드시 실천과 대립하는 개념이 아니었음을 말한다. 이론이란 내게 있는 것, 사회에 있는 것, 세상에 있는 것을 앞서서 정의하는 것이 아니다. 이는 사물을 읽어내려는 태도에 대한 관념을 말한다. 이론을 테오리아로 바라보면, 무언가에 앞서서 규칙을 정하는 것이 아니라, 사후에 발견된 것, 경험한 뒤 되돌아보니 이런 것이 아니었을까 하고 내미는 가설과 같다. 다만 이론은 그 가설을 다른 사람과 함께 공통으로 이해하기 위해 마치 움직이거나 변경할 수 없는 것처럼 바라볼 뿐이다. 이론은 자명한 것이 아니다. 자명할 것이라는 사고를 의심하고 다시 바라보는 것이다.

『르 코르뷔지에의 동방여행Le Corbusier le Voyage d'Orient』은 강의나 논문이 아니라 젊은 청년이 반년 동안 여행한 기록이다. 르 코르뷔지에Le Corbusier가 스물네 살 때 써 내려간 이 여행기는 세계 건축을 움직이는 이론이 되었다. 그 안에는 건축과 사물, 사람을 보는 눈과 이론, 지성이 고스란히 들어가 있다. 그는 1911년에 동방을 여행하고, 1914년에 '동방여행'이라는 제목으로 출간할 예정이었으며, 원고의 끝에 이렇게 썼다. "우리는 그 모든 것에 흔들린다. 그것은 완벽한 고독이기 때문이다. …… 아크로폴리스Acropolis 언덕에서, 파르테논Parthenon 신전 계단에서. 우리는 그 너머의 바다와 오래된 진실을 본다. 나는 20대고, 더 이상 질문에 대답할 수가 없다."[5] 20대의 눈과 머리로 본 아크로폴리스와 파르테논. 그것을 본 눈은 다시 그 너머의 바다와 오래된 진실을 본다. 아크로폴리스와 파르테논은 테아트론이고 그는 그 너머의 바다와 오래된 진실을 응시하는 '24세의 테오로스' 샤를에두아르 잔느레Charles-Edouard Jeanneret다. 그의 테오리아가 이 책에 기록되어 있다.

그러나 전쟁 때문에 이 원고는 서재 한 켠에 쌓여 있다가 여행을 마친 지 무려 54년이 지난 뒤 세상으로 나왔다. 78세의 코르뷔지에는 1965년 7월 이 원고를 출간하기로 마음먹고 이렇게 썼다. "1911년 10월 10일 나폴리에서 샤를에두아르 잔느레가 글을 마침. 1965년 7월 17일 넝제세르 에 콜리Nungesser et Coli가 24번지에서 르 코르뷔지에가 다시 검토·수정함." 그리고 한 달 뒤인 1965년 8월 27일, 그는 로크브륀느카프마르탱Roquebrune-cap-Martin에서 수영하다가 세상을 떠났다. 이곳은 그의 오두막집이 있는 해변으로, 그는 늘 오두막집의 작은 창으로 유럽 문화의 원상인 지중해를 바라보았다. 오두막집은 테아트론이고, 코르뷔지에는 지중해와 젊은 날의 테오리아를 응시하는 '78세의 테오로스'다.

"좋은 질문은 가장 우수한 답보다 훌륭하다.A good question is greater than the most brilliant answer." 1964년 가을, 어느 수업에서 루이스 칸Louis Kahn이 한 말이다. 그는 잠시 침묵한 다음 이렇게 다시 물었다. "What is your questions?당신들의 질문은 무엇인가?" 그러나 이것은 잘못 번역한 것이다. "무엇이 당신들의 질문인가?"라고 물어야 맞다. "무엇이 당신들의 질문인가?" 하고 묻는 학생은 '20대의 테오로스'다.

비트루비우스의 이론

비트루비우스가 저술한 『건축십서De Architectura』는 현존하는 가장 오래된 건축이론서다. 그는 도입부에서 이론이 건축에 왜 필요한지를 이렇게 설명한다. "건축가는 다양한 분야의 학문과 지식, 교양을 갖추어야 한다. 다른 기술로 만들어진 모든 작품을 음미하는 것이 이 지식의 판단에 의하기 때문이다. 이 지식은 제작fabrica과 이론ratiocinatio에서 나온다. 제작製作이란 끊임없이 연마하고 실무에 전념하는 것이며, 조형의 의도에 맞는 모든 재료를 사용하여 손으로 작업함으로써 이루어진다. 한편 이론理論이란 만들어진 작품을 균형 잡힌 독창성과 합리적인 사고로 설명하고 증명하는 것이다. …… 실제로 모든 것에는, 특히 건축에는 이 두 가지 '의미를 받는 것quod significatur'과 '의미를 주는 것quod significat'이 포함되어 있다. 의미를 받는 것이란 그것에 대해 말하도록 제시되어 있는 사물이며, 의미를 주는 것이란 학문의 이치에 따라 전개된 해명이다. 그렇기 때문에 스스로 건축가라고 공언하는 자는 이 모두에 정통하지 않으면 안 된다고 생각한다."[6]

비트루비우스는 자신의 건축서를 건축가가 지녀야 할 지식에 대하여 말하는 것으로 시작하고 있다. 건축이 무엇이라든지 건축이 무엇으로 이루어지는지를 말하기 이전에, 갖추어야 하는 '제작'의 지식과 이론이다. 오늘날의 개념으로 바꾸어 말하면 각각 '실무'의 지식과 이론이라고 할 수 있겠다.

건축술은 단지 경험적인 습득 위에 성립하는 손기술이 아니라, 학문 위에서 성립하는 기술이다. 이는 아주 오래전부터 '이론'이 추상적인 힘으로 건축이라는 즉물적인 구축물에 의미를 준다고 보았음을 증명한다. 또한 건축이론의 존재 이유를 분명히 지적한 것이다. 이어서 건축가가 배워야 하는 광범위한 학문 분야를 열거하고 있는데, 그 이유는 건축가가 제작과 이론, 두 영역을 횡단하는 기술자이기 때문이다.

제작과 이론을 실제와 이론이라 할 때 이 두 가지는 다른 학문 분야에서도 많이 논의된다. 따라서 건축에만 해당되는 것이 아니다. 그로부터 2,000년 뒤 비올레르뒤크가 『건축사전Dictionnaire Raisonné de l'Architecture』에 "세우는 기술과 건축은 이론과 실제라는 두 가지 요소로 이루어진다."고 적었다. 도대체 건축에서 어떤 깊은 관계가 있기에, 이 두 건축가는 시간을 거슬러 건축의 '실제와 이론'을 말하고 있을까?

이 두 가지는 따로 떨어져 있는 것이 아니다. 건축에 포함되는 의미를 받는 것과 의미를 주는 것은 일체적 관계이다. 그래서 비트루비우스는 "학문을 돌아보지 않고 솜씨만으로 습득하려는 건축가는 노력은 하지만 권위를 얻을 수 없다. 이론과 학문에만 의존한 사람들도 실체가 아니라 환영을 쫓고 있는 것이다. 그러나 이 두 가지를 충분히 습득한 사람은 모든 무기로 무장한 사람처럼 의도하는 바를 권위를 가지고 얻을 수 있었다."고 말한다. 여기에서 "솜씨만으로 습득하려는"이란 부분을 "직관적으로"라고 바꾸어 볼 수 있다.

그는 건축에서 이론을 공부하는 이유를 자신이 하는 일에 '권위'를 주기 위함이라고 말하는데, 이는 다른 학문에서도 상통하는 바가 있다. 브라질의 외교관이자 철학자인 호세 메르퀴오르 José Merquior는 이론이 하는 일이란 의식을 얻기 위함이 아니라, 권위를 약화시키면서 다시 권위를 차지하려는 데 있다고 하였다. "이론은 두 장의 유리 같은 것이 아니라, 오히려 두 자루의 총과 같다. 바꾸어 말하면 이론은 사람들로 하여금 더 잘 보게 해주는 것이 아니라 더 잘 싸우게 하는 것이다."[7]

그렇다면 과연 의미를 받는 것은 무엇이며, 의미를 주는 것은 무엇인가? 비트루비우스는 그것을 각각 실무와 이론이라고 하면서, 이론의 중심에 여섯 가지 원리를 두었다. 오늘날 건축에서, 의미를 받는 것은 이 땅에 세워지는 건축물이며, 의미를 주는 것은 건축물이 성립하는 근거라고 할 수 있다.

비트루비우스는 건축에서 세 가지 입각점ratio을 꼽았다. 우틸리타스utilitas, 用, 피르미타스firmitas, 强, 베누스타스venustas, 美인데, 용用은 계획학에, 강强은 구조학에, 미美는 조형이론에 속한다고 보는 것이 일반적이다. 또 강과 용이 제작을 위한 경험에서 나온 과학적 지식에 속한다면, 미는 '이론'에 속하는 지식이다. 다른 두 가지에도 독창성이 나타나야겠으나 특히 이 세 번째 요인인 베누스타스에 관한 독창성을 발휘하는 데 건축가들은 큰 힘을 쏟았다. 따라서 건축이론 또는 건축의장은 건축가가 자기 존재를 증명하는 밑바탕이라고 할 수 있다.

비트루비우스는 아리스토텔레스의 '질서taxis'에 바탕을 둔 건축 조형의 원리를 여섯 가지로 나누어 말했다. 오르디나 티오ordinátĭo, 그리스어로 taxis, 디스포시티오dispŏsítĭo, 에우리트미 아eurythmia, 심메트리아symmétria, 데코르décor, 디스트리부티오 distrĭbútĭo, 그리스어로 oikonomia이다. 원리를 아는 장인이 다루어야 할 기술적 원리는 이렇게 여섯 가지였다.[8] 오르디나티오는 부분과 전 체의 양적인 질서 일반이다. 디스포시티오는 분명히 말하고 있지 는 않으나 심메트리아를 포섭하는 상위의 질적인 개념이다. 에우 리트미아는 시각으로 감득感得되는 아름다운 모습에 대한 원리로 서 착시현상 등이 따른다. 심메트리아는 부분과 전체가 모듈을 매 개로 통약通約 관계에 있는 양적 질서의 원리다. 데코르는 서로 닮 아 있는 것을 뜻하는데, 정해진 바, 습관, 자연 등 세 가지가 건축 밖에서 건축을 규정하는 원리다. 디스트리부티오는 건축에 작용 하는 경제적인 요인을 보여주는 실제적인 원칙이다.

오르디나티오	내재적 원리 양적인 상위 개념	전체 비례에 관한 원리
디스포시티오	내재적 원리 질적인 상위 개념	전체 배치에 관한 원리
심메트리아	내재적 원리 양적인 하위 개념	양적 질서에 근거한 각 부분과 전체의 구성
에우리트미아	내재적 원리 질적인 하위 개념	질적 질서에 근거한 시각적인 미의 구성
데코르	외재적 원리 상위 개념	형식과 내용의 일치성
디스트리부티오	외재적 원리 하위 개념	배분과 경제에 따른 실천적 원리

그런데 이 원리는 크게 건축 안에서 관계하는 내재적 질서와 건축 밖에서 관계하는 외재적 질서로 나뉜다. 내재적 질서는 다시 양 적인 질서와 질적인 질서로 나뉜다. 조금 복잡하게 보이겠지만 정 리하면 다음과 같다.[9] 여기에서 오르디나티오란 디테일을 개별적

으로 정리해가는 것이며, 전체로서는 균형을 이루도록 비례로 정리하게 된다. 그래서 비트루비우스는 "건축은 그리스어로 탁시스 taxis라 부르는 오르디나티오, ……로 이루어진다. 오르디나티오란 작품의 각 부분을 개별적으로 균형 있게 조정하는 것이며, 전체적인 비례를 심메트리아에 따라 정돈하는 것."[10]이라고 말했다.

건축가의 건축이론
이론 없는 건축은 없다

건축에서 이론은 무엇을 하는 것일까? 이런 질문과 함께 나타나는 것은 '이론'에 대한 일종의 불신감이다. 물질로 만들고 자연스럽게 경험하면 되는 건축에 무슨 이론이 필요한가, 이론은 오히려 물질인 건축을 공연히 복잡하게 만드는 데 지나지 않는다고 여기는 사람들이 있다는 것도 알고 있다. 이론이란 말이고, 말이란 실은 그렇지 않은데 멋있게 포장하는 것이자 가공하는 잉여물이라 생각하는 사람들도 의외로 많다. 건축은 본래 말을 필요로 하지 않는다는 나름의 신념 때문이다.

이러한 생각 탓인가, 건축에서 이론이 소용없다고 말하는 이들이 있다. 건축학과 학부생이었을 때, 건축가가 되려면 건축 이론서를 읽어서는 안 되고 책을 읽을수록 설계를 못한다는 말이 선배 건축가의 공언으로 돌아다녔다. 당시 선망의 대상이었던 그의 말에 따라 오직 이론 없는 설계에만 매달린 이가 많았다. 그런데 몇십 년이 지난 뒤, 바로 그분께서 예상치도 못하게 많은 책을 쓰시며 대중에게 건축 이야기를 알리려고 하는 모습을 보고, 설계를 못하게 되셨나 했다. 더구나 책의 약력에는 스스로를 세계적인 건축가라고 소개하고 있었지만, 실제와 이론이 일치하지는 못했다. 근거도 없는 낭설로 후배들의 건축이론 공부를 막은 셈이다.

'한국의 전통을 어떻게 이어갈 것인가.' '목조로 지은 한국 건축은 돌로 지은 유럽 건축보다 훨씬 자연적이다'. '대중에게 이런 형태는 이런 상징성을 가지고 있다.'는 논리를 편다. 건축을 전문으로 하는 사람 앞에서는 이론을 배척하는 이가 대중 앞에서는 관념적인 이론의 옷을 입으려고 애쓴다. 왜 그럴까? 건축 비평은 내가 아닌 다른 사람의 건축 사고, 건축 방법을 말한다. 그러나 건축이론은 건축가가 다른 이를 따라가지 않도록 하기 위해 구축한 자신만의 사고 방식이다.

건축이론은 건축가에게 명석한 작업을 하기 위한 방법이 되고, 이론을 빌려 객관적인 언설을 구축하는 바탕이 될 수도 있다. 따라서 건축이론이 건축가에게 가장 가깝다. 그렇다고 해서 건축이론이 실무에 가장 가깝고 실질적인 분야라 단정 지을 수는 없다. 건축이론은 건축가의 작업에 직접적인 영향을 주는 것이 아니고 금방 효과를 얻는 것도 아니다. 건축은 물질로 만들어지므로 일차적으로 말로, 이차적으로는 생각으로 하는 이론과는 그다지 관계가 없다고 보기 쉽다.

실제로 건축에서 이론이 필요하지 않은 때도 있다. 건축가는 신념대로 설계한다고 하지만, 정작 자신의 생각을 잘 모르는 경우가 더 많다. 모든 설계가 자신의 생각과 일관성을 갖는 것은 아니다. 또 어느 정도 일관된 생각이 있어도 그것을 잘 드러내지 못하기도 한다. 가장 나쁜 것은 건축을 왜곡하는 데 건축이론을 들먹이는 경우다.

생각이란 결국 다른 이들과 공유하기 위한 것인데, 건축에서 이론이 필요하지 않다는 것은 공유할 만한 생각이 없다는 뜻이다. 건축에서 이론은 단순한 아이디어나 착상이 아니고, 그 자체가 오랫동안 지속적인 관심을 가지고 고민한 것이어야 한다. 엄밀하지 못하면 쓸모없어진다. 이것이 반복되면 다른 이의 이해를 얻지 못하고 자신을 선전하는 것이 되므로, 건축가가 자기 이론을 갖는다는 건 그리 쉬운 일이 아니다.

건축의 이론이 무용하다고 말하면서 감성적인 건축가라 자칭하는 이들이 있다. 하지만 말을 많이 안 했다고 감성적 건축가고, 글을 많이 쓴다고 이론적 건축가가 되는 것은 아니다. 어떤 건축가도 이론이 없으면 새로운 건축을 하기 어렵다. 이론은 괜한 일이고 해로운 것이며 설계의 창의적 발상에 저해된다고 보는 건해는, 하나만 보고 전체를 어림짐작한 것이다. 어리석은 생각이다.

생각하건대 어떤 건축이든 이론을 가지고 있다. 심지어 건축에 이론 같은 것이 필요하지 않다고 말하는 자체가 이론이며, 자신이 이론적 건축가가 아니라 감성적 건축가라는 주장도 미미하기는 하지만 엄밀히 하나의 이론이다. 건축은 어렵게 말할 필요가 없다거나 사람에게 친숙하고 생활에 불편이 없어야 한다는 생각도 실은 이론적이다. 모두 이론을 전제하고 있다. 이론적이지 않는 듯 보이는 건물도 이론에 의존하고 있다. 다만 자각하지 못할 뿐이다. '나는 말이 필요 없다, 나의 건축은 오직 자연과 조화를 향할 뿐'이라고 주장한들, 그것은 진부한 자연주의 이론에 바탕을 둔 것이다. 비록 별 생각 없이 지은 건물일지라도 설계 개념을 적어두거나, 비트루비우스나 알베르티의 말을 인용하기보다 건축주를 위한 슬로건을 적는 것이 낫다고 여겨도, 그 역시 이론의 중요성을 이미 알고 있다는 증거다.

건축이론은 설득이다

건축설계는 수학만큼은 아니지만 단순한 예술이라고 보기에는 꽤 논리적인 과정이 따른다. 어떤 건축물을 설계하기 전에 갖추고 있어야 하는 논리, 건축물을 설계하는 과정에서 적용해야 할 논리, 설계를 마치고 짓는 과정에서 갖추어야 할 논리 등을 생각하는 것만으로도 건축 전체가 논리에 둘러싸여 있다. 과연 무슨 생각으로, 무엇을 위해, 누구를 위해 설계하는가, 왜 건축물을 짓는 건축가로 살아야 하는가, 이 사회는 건축을 어떻게 대해야 하는가 하는 무수한 물음 앞에 서 있다. 이렇게 묻고 답하며 결과를 반성하고 또 그것을 다시 생각하는 것이 곧 건축이론이다. 이는 아리스토텔레스가 "테오리아는 아는 것 자체를 목적으로 삼고 있다."고 말한 본뜻이다.

건축가의 사고와 담론은 늘 상반되는 것들 사이에서 탐색된다. 건축가는 상상만 하지 않는다. 과학적으로 사고하며 객관적으로 이끌어준다. 한편으로는 자유로운 즐거움을 찾지만 다른 한편으로는 엄청난 존재에 집중하는 마음도 있다. 옛사람들이 제의를 놀이하듯 지냈던 것처럼 건축은 양단에 있다. 건축물은 물질로 지어지지만 그 물질이 없으면 형이상학적 관념은 지각되지 않는다.

건축이론에는 건축이론가가 만드는 것도 있다. 그러나 건축이론의 첫 번째 생산자는 건축가 자신이다. 건축가는 작업하는 사람이므로 해석은 건축이론가나 건축사가의 몫이라는 말을 제법 들었다. 그럴듯한 말이다. 그러면 르 코르뷔지에는 건축가인가 건축이론가인가? 이런 물음 자체가 무의미하지 않은가. 당연히 르 코르뷔지에는 근대건축이론을 제시한 건축가다. 렘 콜하스Rem Koolhaas가 건축가인가 건축이론가인가? 렘 콜하스는 건축이론을 가진 건축가이며, 건축가인 건축이론가다.

일본의 건축가 마키 후미히코槇文彦나 이토 도요伊東豊雄가 젊었을 때부터 지금까지 써온 문장을 세밀하게 읽어보면, 이론과 실천이 일치하는 지적인 건축가임에 감탄한다. 대학을 나오지 않고 세계적인 건축가가 된 안도 다다오安藤忠雄도 자신의 건축이론을 알리려고 애쓴다. 공감은 되지만 이론이 평이하고 미래에 대한 울림이 적다. 우리나라 건축가도 예외는 아니어서, 너도나도 자신의 건축관을 몇 개 단어로 압축하여 표현하려 한다. 이 역시 건축이론을 펼치는 건축가가 되고 싶다는 뜻이다.

"모든 이론은 잿빛이며 생명의 황금나무는 늘 푸르다네!" 괴테의 『파우스트Faust』에 나오는 유명한 구절이다. 이 글을 읽으면 '이론'이란 잿빛으로 생명력을 잃은 것이니 늘 푸른 황금나무를 찾으면 될 것이라 생각한다. 그러면 실제로 지어질 건축물이 '늘 푸른 황금나무'라고 하자. 이것은 어떻게 얻어질까? 건축가는 언젠가 실현될 '늘 푸른 건축'을 찾아 나설 것이다. 그는 건축물을 구상하고 구체화할 답을 찾아 계속 그릴 것이다. 그러나 그가 제시하는 답들은 아직 '잿빛'일 뿐이다. 그림은 건축적 사고에 머물러 있는 잿빛의 이론이다.

건축가 루트비히 힐베르자이머Ludwig Hilberseimer는 아리스토텔레스를 인용하며 『건축이라는 예술The Art of Architecture』에서 이렇게 말했다. "예술은 그 이론에 앞서 나온다. 어떤 이론의 지식도 예술 작품을 창조하는 데 도움을 주지 못한다." 앞서 언급한 괴테의 말과 같은 뜻이다. 그런데 이어서 이렇게도 말한다. "건축이 아무리 최상의 자리에 있다 할지라도 건축은 언제나 그것을 창조될 수 있게 하는 사회가 결정해주며, 쓸 수 있도록 마련된 물질이 결정해준다." 건축이 예술 작품이 되는 데는 이론의 지식이 쓸모없다 하다가, 사회와 물질을 결정해준다고 말한다. 그렇다면 사회와 물질은 이론의 지식을 대신하여 건축을 창조해주는 것이 된다.

건물을 세우는 것은 콘크리트며 벽돌이지, 책에 쓰인 이론이 아니란 뜻이다. 당연한 지적이다. 하지만 그렇다고 벽돌과 콘크리트가 아무런 생각도 없이 '짓기'에 쓰이는 건 아니다. 건물을 세우는 데 앞서 이론의 지식이 '생각'을 일러준다면, 물질을 깊이 이해하고 더 넓은 시각에서 사회를 볼 수 있도록 한다면 어떻게 될까?

『헤르초크와 드 뫼롱: 박물학Herzog & de Meuron: Natural History』[11]이라는 책의 서문에는 이렇게 쓰여 있다. "그들은 만듦으로써 건축 담론discourse의 중심에 있다. …… 그들은 시각적 세계의 논리에 응답하며, 인공물과 물질로 이루어진 문화, 미학적 전략, 사물이 만들어지는 방식을 암시하고 있다. …… 이 책은 …… 상상력이 찾고자 방황하던 세계의 지도이고, 그들이 오랫동안 탐구하며 만난 시각적인 어휘를 분류한 것이다. …… 상상인 것과 과학적인 것 사이, 놀이와 숭배 사이, 물질적인 것과 형이상학적인 것 사이의 경계에서 바라보는 것은 다름 아닌 그들이 세상을 보는 방식이다."[12]

이 글에서 단어들은 추상적이고 어렵게 보인다. 그러나 오늘날의 건축가가 어떤 생각으로 작업에 임하는지 보여준다. 건축가는 일하고 만들고 짓는다. 그것이 담론을 형성한다. 그 내용이 시각적인 세계에 대한 논리를 만들어주는 것인데, 사물이 어떻게 형성되어 문화를 이끄는가에 있다. 이때 사고와 담론은 이론이며, 건축을 통해 세상을 보는 방식이다.

건축가는 음악가나 화가처럼 아무런 제약을 받지 않고 설계할 수 없다. 건축가는 직관적으로 형태를 떠올리지만, 여기서 그치지 않고 형태를 다시 이성적으로 정당화한다. 건축사가 피터 콜린스Peter Collins는 이 서로 다른 출발점을 변증법적으로 판단하는 과정에 개입하는 것이 건축이론이라고 말한 바 있다.[13] 건축에서 이론은 실제로 일어나는 바를 비판적으로 탐구하고 사물이 어떻게 작용하는지 보여준다. 그래서 두 대립항 중 어느 하나가 아니라, 두 대립항을 변증법적으로 조정하는 과정에 개입한다. '논쟁polemic'과는 다르다. 논쟁도 정당화하는 방식이지만, 사람을 설득하여 이익을 얻는 것에 관심을 둔다.

화가나 조각가에게도 '회화이론'이나 '조각이론'이 있으나 건축가에 대한 '건축이론'만큼 심각하지는 않다. 건축물이란 의뢰를 받는 것이고, 의뢰한 이가 소유한 땅에 공사비를 들여 대신 지어주는 것이고, 건축주의 계획과 목표, 건물에 대한 나름의 해석과 기대 속에서 이루어지며, 규모가 커질수록 건축가의 책무도 커진다. 이에 건축가는 자신의 의도를 설명하고 설득해야 하며, 자신의 생각이 어디에서 출발해 어디로 향하는지 건축주와 공간을 사용할 사람들에게 충분히 알릴 필요가 있다. 그러나 건축물을 생성하는 일 자체가 이런 조건을 포괄하는 것이므로 예나 지금이나 건축가는 자신의 지위를 불안정하게 느낀다. 건축가는 이러한 불안감과 설득, 반발에 대응하는 건축이론이 필요했고, 이를 위해 스스로의 사고를 확립해야 했다. 다시 말해 건축이론이란, 건축가라는 직업의 존재 이유와 사회적인 지위에 대한 불안감에서 비롯한 것이며, 자기방어를 위해 생겨난 것이라고 볼 수 있다.

건축가에게 건축이론은 왜 필요한가? 건축이론을 배우는 목적은 생각하고 실천하는 건축가가 되기 위해서다. 건축가로서의 이론을 갖추고, 자신이 설계하는 대상에 대한 다양한 가치 설정과 해석 방법을 찾기 위해서다. 곧 논리를 '얻기 위해서'이지, 논리를 '배우기 위해서'가 아니다. 건축이론은 배우면 써 먹을 수 있고 적용할 수 있는 이론이 아니라, 건축가의 생각, 만드는 방식, 사회적 입장, 시대 변화, 경제 관념, 아름다움에 관한 견해 등을 밝힐 수 있도록 하기 위한 것이다.

다만 건축에 대한 이러한 자기방어 방식은 시대에 따라 다양하게 나타난다. 그럼에도 인간이 건축물을 지어온 이래 변하지 않는 지속적인 가치가 바탕에 있다. 이런 관점에서 다른 이는 문제를 어떻게 해석하였고 어떤 가치를 그 안에서 찾으려 했는지 알아야 한다. 건축이론은 역사 속 건축가의 사고와 사상, 작법에 관심을 두며, 건축 작품이나 건축 역사에 대한 지식을 폭넓게 이해해야 하기 때문에 관련 지식이 요구된다.

또한 건축이론은 개인의 이론이나 사적인 논리를 만들어주기 위함이 아니라 집단의 생각을 한 데 모으기 위해 배운다. 우리가 직면한 주제와 문제를 어떻게 이해하고 해결해야 하는가에 대한 공동의 사고를 펼칠 수 있다. 건축이론은 사회, 공동체, 전통, 본성, 문화, 기술과 같은 건축 전반에 영향을 미치는 문제를 고찰한다. 또 건축을 말로 잘 설명하거나 글로 쓰는 것이 아니라, 건축설계 속에 있는 사고와 방법을 다른 이들과 나누기 위한 것이다.

열매와 집

생각의 평미레질

"닭이 먼저일까, 알이 먼저일까?" 하고 묻는 질문이 있다. 닭이 있으니까 알을 낳았을 것이고, 또 달리 생각하면 알이 있어야 그 안에서 닭이 나오지 않겠는가 하는 주장이 대립한다. 그래서 대답하기가 어렵다. 그러나 생물이라는 관점에서 보면 알에서 생물이 생겨났다. 따라서 답은 알이 먼저다. 마찬가지로 건축설계에서 "실무가 먼저일까, 이론이 먼저일까?"라고 물으면 무엇이라고 대답하는 것이 옳을까? 이 개념을 알과 닭의 문제로 풀어본다면, "건축은 집을 짓는 실천적 분야이므로, 실무가 선행되어야 필요한 이론이 생기는가 아니면 이론에 바탕을 두어야 실무가 성립되는가?" 하는 질문이 된다. 그러나 어느 한쪽을 택할 수 없다.

공과대학에서 '개념'이라는 말을 가장 많이 듣는 학과가 건축학과일 것이다. 그중에서도 건축설계에서다. 건축설계 교육은 1학년 첫째 과제에서 "자네의 콘셉트는 무엇인가?"로 시작하여 졸

업전 작품 앞에서도 "자네의 콘셉트는 무엇인가?"로 끝난다. 막상 실무에 들어가면 "자네의 콘셉트는 무엇인가?" 하고 묻지는 않는다. 그러나 계획안이나 완공된 작품에 설계 개요, 설계 개념을 반드시 붙여야 한다. 하지만 여전히 이론은 실무와 거리가 멀고, 실무는 이론을 남의 일로 아는 경우가 허다하다.

철학자 질 들뢰즈Gilles Deleuze와 펠릭스 가타리Félix Guattari는 『철학이란 무엇인가Qu'est-ce que la Philosophie?』에서 철학, 과학, 예술이 인간의 사고가 취하는 세 가지 형태라고 보고, 철학은 개념 conception을, 과학은 함수function를 그리고 예술은 감각sensation을 창조한다고 말했다. 그런데 건축은 철학, 과학, 예술이 함께 뒤섞여 있다. 건축에서는 개념이 함수와, 함수는 감각과, 감각은 개념과 연동한다. 그래서 건축은 개념과 기능과 경험에 대한 많은 생각이 교차할 수밖에 없다.

설계에서 개념이란 설계의 목적을 정하고 이를 전개하는 것을 말한다. 개념은 특수한 것에서 벗어나 일반적인 것을 설정한다. 개념의 동일성은 언어에 의한 것이며, 언어의 규칙 체계가 동일한 것에 의거한다.[14] 그래서 무엇보다도 개념은 동일성을 위한 언어이자 틀이다.

'concept'라는 단어도 이를 나타낸다. 'con-'은 '여럿을 하나로'라는 뜻이고, '-cept'는 '잡다'라는 뜻이므로, '여럿을 하나로 잡는다'는 뜻이다. 독일어로는 'Begriff'인데, 'begreifen붙잡다'에서 나왔으니 영어와 같은 맥락이다. 모든 사람에게 또는 많은 사람에게 같은 성질이 통용되도록 하려는 것이다.

개념은 한자로 '槪念'이라 쓴다. 이때 '槪'는 '평미레 개' 자다. 평미레란 말이나 되에 곡식을 담고 그 위를 평평하게 밀어 고르게 하는 데 쓰는 방망이 모양의 기구를 말한다. 말통 위에 쌓은 쌀을 평탄하게 깎아내고 둥글게 다듬는 막대기다. 여러 복잡한 생각念을 말통에 넣고 모자라지도 남지도 않게 만드는 작업, 서로 다른 것들을 '하나로 고르게' 하는 것이다.

기자 조정희는 이 평미레를 흥미롭게 풀이한다. "평미레질이란 기본적으로 '모으고 담아서 다지고 깎는 일'이다. 엄격히 말하면 평미레질 자체는 '모으고 담고 다지는' 과정을 가리키지는 않는다. 그러나 그런 과정이 없다면 평미레질도 의미가 없어진다. 제대로 모으지도 않고 그릇에 담지도 않고 잘 다지지도 않은 것을 깎아내어 봤자 '정확히 한 말<del>과</del>'이라고 말할 수가 없기 때문이다."[15] 이렇게 개념은 '하나로 고르게' 한다는 뜻이 된다.

건축설계는 어떤 다른 학문에서도 볼 수 없는 이런 평미레질을 반복하는 분야다. 하고 또 한다. 이때 복잡한 생각이 넘치면 밖으로 흘러나갈 것이고, 생각이 모자라면 평미레질을 할 일이 없어진다. 생각의 말통은 평미레가 지나가는 선까지 다가가려고 애쓰는 목표치가 된다. 그리고 평미레에 밀려 나간 생각이 쓸모 있고 소중한 생각이었다면, 이미 들어간 것 대신 넣어 새로운 개념을 만들 수 있다.

이는 앞서 건축이론이 개인의 논리가 아닌 집단의 생각을 모으는 장치라고 한 것과 같다. 따라서 건축에서의 '개념'은 나에게만 귀속되는 것이어서는 안 된다. 그 내용은 여러 생각을 하나로 묶기 위한 것임을 늘 인식해야 한다. '여럿을 하나로 잡다'라는 본뜻을 다른 분야에서보다도 특히 건축에서 주의 깊게 다뤄야 한다.

꿰는 언어

개념, 콘셉트와 비슷한 단어로 'conception'이 있다. 이는 '계획의 구상, 이해'라는 말인데, '수정受精'이라는 뜻도 있다. 라틴어 'conceptum'이 밑그림이라는 뜻과 함께 '마음에 품다' '임신하다'라고 해석되는 것을 보면 밑그림, 계획, 구상은 그저 나오는 것이 아니라, 자궁이 씨를 받아 수정하여 임신하는 과정과 같다고 볼 수 있다. conceive 역시 'take (seed) into the womb, become pregnant'로 동일한 의미다.

생각의 씨는 직관과 경험이다. 특히 건축에서는 집을 짓는 사람이든 집에서 사는 사람이든 어려운 사색을 하는 것이 아니다. 건축의 모든 바탕이 직관이고 경험이다. 스티브 잡스Steve Jobs

도 "서구에서 중시하는 이성적인 사고는 인간 본연의 특성이 아니다. 그것은 후천적으로 학습하는 것이다. 인도 사람들은 이성적인 사고를 학습하지 않는다. 그저 무언가를 터득하는 데, 어떤 면에서 이성 못지않은 가치가 있다. 그것이 직관과 경험적 지혜의 힘이다."라고 강조했다. 건축에서 말하는 개념은 이성적인 작업이 아니라, 생각의 씨가 어떤 것이냐에 대한 물음이다.

앞서 언급한 conception은 한자에서 열매를 뜻하는 '實실'과 아주 닮아 있는데, 글자의 모양이 재미있다. '實'은 宀집 면 자 밑에 毌꿸 관 자가 있고 또 그 아래에 貝조개 패 자가 있다. 먼저 '貝'는 보물이고 귀중하다. 그런데 귀중한 것이 흩어져 있으면 안 된다. 잘 정리되어 있어야 한다. '毌'은 母어미 모와 비슷해 보이지만 네모 안의 점이 둘로 나뉘지 않고 선으로 이어져 있다. 그러니까 '宀' 밑에 있는 貫은 '꿰뚫어 붙잡다'가 된다. 목적과 본질을 파악하여 그 귀중한 의미를 하나로 모아서 꿰는 것이다. 건축설계에서 직관과 경험이 따로 떨어져 있지 않고 하나로 꿰어 있어야 된다는 뜻이다. 그런데 이것만으로 충분하지 않다.

'집안에 끈으로 꿴 많은 돈'은 지붕 밑, 곧 집 안에 있어야 한다. 집 안에서 질서를 잡아야 손이 닿거나 원할 때 가져다 쓸 수 있는 가용성이 있다는 말이다. 따라서 實이라 함은 귀중한 것, 귀중한 생각을 '끈'이라는 중요한 원칙으로 질서 있게 꿰어 영향력 아래 두고 사용한다는 뜻이다. 바꾸어 말하면 집宀,家은 여러 사람의 생각을 꿰어 우리 영향력 안에서 쓸 수 있게 해주는 존재이며, 개념에서 말한 말통과 평미레에 해당한다.

그런데 '실'은 과실果實이라 하여 열매를 말하지 않는가. 열매는 단단한 껍질이 있고, 그 안에 살이 있다. 그리고 살 안에 씨를 품고 있다. 열매의 단단한 껍질은 내부를 지키는 지붕이라 집과 같고, 그 안의 '살'은 귀중한 것인데, 이것이 직관과 경험이라는 '씨'를 감싸는 것이라고 정리할 수 있다.

이와 관련해 독일 철학자 임마누엘 칸트Immanuel Kant가 유명한 명제를 남겼다. "내용 없는 사고는 공허하며, 개념 없는 통찰적

관은 맹목적이다.Gedanken ohne Inhalt sind leer, Anschauungen ohne Begriffe sind blind."[16] 여기서 '내용'은 쉽게 말해 경험이다. 요컨대 경험에 바탕을 두지 않은 생각으로 피상적인 생각에만 사로잡혀서는 안 되고, 전후 맥락에 대한 이해 없이 직관만을 고집해서도 곤란하다는 뜻이다. 이 명제는 사고와 사고, 직관과 개념 순으로 되어 있어 마치 개념의 중요성을 말하는 듯 보인다. 그러나 잘 읽어보면 내용 곧 경험이 가장 중요하다는 뜻이다. 그것을 그냥 놓아두지 말고 개념으로 감싸 보라는 뜻이다. 경험과 통찰이 없는데 사고와 개념이 있을 수 없다. 사고에서 경험이 나오는 것이 아니고, 개념에서 통찰이 나오는 것이 아니다.

사람에게는 크게 두 가지 표현 방식이 있다. 신체적이며 정신적인 것을 생각하고 표현하는 이미지와, 추상적이고 객관적인 것을 생각하고 표현하는 개념이다. 이미지라는 언어는 주관적이고 낭만적이다. 마음속에 그려지기는 하는데, 딱히 뭐라 말로 표현하기 어렵고 그럴 필요도 느끼지 않는 막연한 형상이다. 이 형상은 창조적이고 정신적인 작용을 일으킨다. 이와는 달리 우리는 언어나 다이어그램, 프로그램과 같이 누군가에게 의사를 잘 전달하기 위해 추상화한다. 좀 더 개념적이고 이론적이다. 이 두 가지는 전혀 다른 방식이지만, 실은 서로 겹쳐 있다.

건축물을 보고 감동한다면, 그것은 이미지에 관해서다. 이미지는 '나도 저렇게 만들 수 있을까, 저렇게 만들고 싶다.'는 충동을 불러일으킨다. 다만 분명하지 않으며, 반드시 언어로 표현해야 되는 것은 아니다. 이미지는 신체적이며 주관적인데, 새로운 무언가를 만들어내는 원천이 된다. 그렇지만 이미지와 충동만 가지고는 다른 사람들에게 충분히 전달할 수 없으며, '나도 저렇게 만들고 싶다.'는 생각을 뚜렷하게 할 수 없다. 이때 필요한 것이 '개념'이다. 개념은 추상화되고 언어로 표현된다.

요약하면, 실實에서 집~이란 직관과 경험을 사고하는 개념이며 말통이고 열매의 껍질과 같은 것이다. 이때 집은 직관과 경험을 담고 있다. 말통에 들어간 쌀을 미는 槪평미레는 주요한 것을 꿰는 冊과 같다. 개념槪念의 '평미레槪'와 실實의 '冊관'은 이론이다. '여럿을 하나로 잡아' 많은 사람에게 같은 성질을 통용하기 위한 것이다. 그래야 실實해진다.

사람이 손을 써서 무엇을 만드는 것은 언어나 사고와 같다. 프랑스의 인류학자 앙드레 르루아구랑André Leroi-Gourhan은 사람이 직립보행하면서 두 손이 자유로워지고, 음식을 직접 입에 넣을 수 있게 되었으며, 얼굴이 작아지고, 대뇌의 발달로 두개골이 넓어졌다고 한다. 그렇다보니 분명한 발음과 물건을 잡는 손, 말하는 얼굴의 동작들이 기술 발생과 언어활동을 증명해주었다. 오래된 집은 손이 기억하는 곳이며 손의 언어가 펼쳐진 곳이다.

르루아구랑은 집이 나타난 것과 계절과 생리의 주기적인 변화를 표상하는 것이 함께 나타났으며, 집과 언어가 서로 이어져 있다고 생각했다. 집을 짓는 것은 단지 기술적인 편의가 아니라 언어활동과 동격이며, 인간의 활동을 표상적인 행위라는 것이다. 그래서 집은 세 가지 필요에 대응한다고 말한다. 첫 번째는 기술적으로 유효한 환경을 만들어내는 것, 두 번째는 사회체제의 틀을 확립하는 것, 세 번째는 주위 환경이라는 우주에 질서를 부여하는 것이다. 집은 비바람을 막는 도구만이 아니다. 집은 '언어'이고, '표현'이며, 사회의 '틀'이자, 우주의 '질서'다.

개념과 열매가 모두 말통, 지붕, 자궁 안에 있다고 했다. 사실 말만 다르지 다 집에 관한 내용이다. 새나 벌은 둥지를 짓고, 사람은 집을 짓는다. 집은 종종 생물의 둥지에 비유되고, 때로는 집의 원상原像을 둥지에서 발견하기도 한다. 다만 그들은 본능으로 짓지만, 사람은 지성의 차원으로 옮겨짓는다. 둥지는 이미 유전적으로 정해진 것이지만, 집은 정해지지 않았다. 사람이 살아가는 자체가 복합적이고 유기적이기 때문이다. 사람의 집이 동물의 둥지와 다른 점은 상호작용하며 살아가는 수많은 환경과 행위에 유연하다는 데 있다. 따라서 건축에서 개념이란 사람이 다른 사람과 생각을 나누어 갖기 위해 언어와 규칙 체계를 얻는 것이다.

철학을 위한 건축

건축이론에서 어려운 용어, 추상적인 개념을 들어 전개하는 탓에, 철학을 바탕으로 건축을 생각한다고 치부하기 쉽다. 반드시 그렇지는 않다. 예를 들어 세상에는 수많은 창이 있다. 건축가라면 채광, 환기, 조망의 기능적인 이유만으로 창을 설계하지 않는다. 창으로 풍경을 담을 수 있고, 창에 비추는 모습을 변화시키려는 생각도 할 수 있다. 다시 말해 실존적으로 또는 철학적으로 창을 바라보는 것이다.

건축이론을 철학의 힘을 빌려 치장하리라 생각한다면 오해다. 본래 철학이 건축을 닮으려고 하였지, 건축이 철학을 닮으려한 것이 아니었다. 플라톤과 아리스토텔레스는 철학이 무엇인지 설명할 때, 은유적으로 건축과 건축가를 생각해냈다. 철학을 통해 건축을 생각한 것이 아니라, 건축을 통해 철학이 자신의 문제를 증명했던 것이다. 그들에게 철학은 생각의 '건축'이었고, 앎의 '건물'이었다. 그런 까닭에 프랑스 철학자 자크 데리다Jacques Derrida는 건축처럼 부분과 전체가 견고한 구조 속에서 한 몸을 이루는 서구의 형이상학을 비판했다. 동시에 견고한 구조 속에서 질서를 이루는 건축을 비판한 것이기도 했다.

아리스토텔레스의 『형이상학Metaphysica』 제5권은 철학 용어 사전인데, 제1장에 아르키텍토니케 테크네architectonice technē, 건축를 말하는 부분이 있다. "사물의 아르케시작, 원리, 첫 동인라는 것은 …… (5)움직인 것이 그렇게 움직이고, 다른 상태로 바뀐 것이 어떤 의사에서 비롯될 때, 그 어떤 것은 아르케라고 불린다. …… 여러 기술에서도 특히 건축 관계의 기술을 지시하는 도편수의 기술이 아르키텍토니케 테크네라고 불리는 것은 그 때문이다." 아리스토텔레스는 기술 중에서 특히 건축만 이렇게 다뤘다. 아리스토텔레스의 말에서 주목해야 할 부분이 있다. "아르케라고 불린다" 또는 "아르키텍토니케 테크네라고 불리는 것은 그 때문이다"라는 표현이다. 아르키텍토니케 테크네는 아리스토텔레스가 주창한 말이 아니다. 이미 사람들이 불렀던 말이다. 이는 건축이란 무엇인가

하는 정의와 이념에서 나온 것이 아니라, 실재하는 기술이 있었으므로 그 행위에서 연상된 바를 이름 지어 불렀다는 의미다. 게다가 아리스토텔레스는 건축의 '아르키텍토니케 테크네'라는, 이미 쓰이고 있는 말을 들어 자신의 용어를 설명하였다. 건축이 철학을 받아쓰기하는 것이 아니라, 아르키텍토니케 테크네를 통해 자신의 철학적 중심어인 아르케가 무슨 뜻인지 이해를 구하고 있다.

고딕 대성당의 문은 크다. 그리스도교에서 심판자 그리스도가 들어오는 곳이기 때문이다. 그렇다면 문은 예수의 신성함을 상징한다. 거룩함의 의미를 표상하기 이전에 거룩한 감각이 먼저 있다. 고딕 대성당의 거대한 문을 지날 때 하느님의 집으로 들어서는 느낌을 받는 것이다. 건축은 사람의 마음에 깊이 작용한다. 창이란 무엇인가, 문이란 무엇인가 하는 철학적 사념과는 다르다.

고딕 대성당의 스테인드글라스는 벽에 뚫린 창이 아니라 바깥세상을 결정적으로 단절하는 벽이며 빛의 영역이다. 이는 마음이 땅에 있지 않고, 중력의 지배를 받는 물질 세계를 벗어나 이 세상에 없는 신비로운 공간을 표현한다. 고딕 대성당의 '빛나는 벽'은 천상의 도시, 천상의 예루살렘을 미리 보여준다. 그리고 보석을 투과하는 빛은 물질에 감추어 있던 빛을 나타낸다. 스테인드글라스는 니케아 콘스탄티노폴리스 신경Symbolum Nicaeno-Constatinopolitanum에서 말하는 "하느님에게서 나신 하느님, 빛에서 나신 빛"이신 그리스도의 본성을 깨닫게 한다.

건축은 철학의 말, 신학의 말을 받아 적은 것이 아니다. 건축 전문가인데도 어려운 철학서를 읽고 그것을 따라하는 것이 건축이라고 잘못 아는 사람도 많다. 고딕 대성당의 스테인드글라스는 신학을 건축으로 대신 나타낸 것이 아니다. 건축으로 신학을 말한 것이다. 오히려 신학이 스테인드글라스가 표현하는 예수그리스도를 묵상하지 않으면 안 된다.

일반적으로 건축을 철학적으로 탐구하는 것이 '건축철학'이고, 건축을 아름다움이라는 특권으로 바라보는 것을 '건축미학'이라고 말한다. 그러나 건축철학이나 건축미학은 따로 있는 것이 아니다. 건축은 철학과 미학이 탐구하는 바를 이미 품고 있다. 철학은 건축을 은유하여 자신의 체계를 구축했고, 건축학은 미학보다도 1,800년이나 앞서 생긴 학문이다. 가령 르네상스 팔라초palazzo 건물 하부에 놓인 돌을 거칠게 다듬거나 매끈하게 다듬는 기법인 '러스티케이션rustication'은, 기술의 문제이기 전에 촉각에서 시각이 떨어져 나가는 과정에 대한 실제적인 철학과 미학의 문제였다.

독일 철학자 마르틴 하이데거Martin Heidegger의 「짓기·거주하기·생각하기Bauen·Wohnen·Denken, 영어로 Building, Dwelling, Thinking」는 사람이 '짓지 않으면' 거주에 대해 생각할 수 없음을 말한다. 집을 '짓는 것'은 인간의 중요한 과업이다. 그런데도 우리는 건물 '짓기'를 별 뜻 없이 기술상의 노력으로만 여긴다. 건물 짓기는 하이데거가 지적하였듯이 거주와 사고의 출발이며 근본이다. 그러니 건축하는 사람이 철학을 알고 철학적으로 사고하는 것은 당연하다.

근대 철학을 세운 르네 데카르트René Descartes는 그의 대저 『방법서설Discours de la Methode』을 조용한 서재 안이나 아무도 오지 않는 산속에서 저술하지 않았다. 그는 일부러 교류가 많은 상업 도시 암스테르담을 찾았고, 그중에서도 가장 번잡하고 시끄러운 시장에 자리 잡은 한 주택에 세를 들어 살면서 저작을 완성했다. 왜 그곳을 택하였을까? 이는 자신이 생각하는 틀을 넘어서기 위함이며, 변화를 위해 또 다른 환경이 필요했기 때문이다.

독일 철학자 고트프리트 라이프니츠Gottfried Leibniz는 모나드론단자론, 單子論을 주장하면서 도시 안에서 달리 보이는 것에 빗대어 이렇게 말했다. "모든 실체는 하나의 완결된 세계와 같은 것이며, 신의 거울 또는 온 우주의 거울과 같은 것이다. 말하자면 똑같은 도시라도 그것을 보는 사람의 위치가 달라짐에 따라 여러 가지로 표현되듯이, 실체는 온 우주를 각자 자기의 독특한 방식에 따라 표출한다."[17] 라이프니츠는 집들이 모여 있는 도시가 그것을 보는 사람들의 위치에 따라 달라지는 모나드론을 근거로 설명하고 있다. 건축이나 도시는 철학의 대상이지만, 반드시 철학의 결과로 얻어지는 것은 아닐 수 있다.

유추에 관하여

이상과 공유

먼저 건축은 모방예술이 아니라는 점을 알 필요가 있다. 건축은 '아르키텍토니케 테크네'인데, 회화나 조각이나 시는 '미메티케 테크네mimetikē technē', 곧 모방하는 기술이라 불렀다. 건축이 아닌 다른 예술은 그 본질이 모방에 있다. 모방은 '미메시스mimesis'라고 하며 '흉내'를 뜻한다. 회화는 '산과 같은' 장면을 그릴 수 있다. 그러나 건축은 그렇게 지을 수 없다. 그래서 건축은 모방 예술이 아니라 말한다. 그런데 건축을 하면서 '마치 ―와 같다'는 표현을 자주 쓰고, 건물을 보는 사람도 이 같은 표현을 쓴다. 창고나 상자를 묘사했다거나 재현한 것도 아닌데, 이들 두고 '마치 창고와 같다'거나 '마치 상자와 같다'고 말한다. 집의 형태가 주는 의미 또는 이미지를 그렇게 느끼는 것이다.

이는 건축이 모방예술이 아니라는 증거다. 모방예술이라면 '마치 ―와 같다'는 말을 하지 않는다. '산과 같은' 장면을 그린 회화 앞에서 이 그림을 '마치 산과 같다'라고 하지 않는다. 건축에서 '마치 ―와 같다'고 하는 것은 실제로 모양 때문인 경우가 있겠지만 그런 일은 거의 없다. 건축이 '마치 산과 같다' '마치 배와 같다'는 것은 산과 배가 이념이 되고 유형이 된다는 뜻이다. 건축은 모방예술이 아니기 때문에 담고 싶은 이상적인 것, 유형 또는 지금의 한계를 벗어나기 위한 계기로 여겨진다. 이상으로 여긴 건축이 이상적인 것이 되기도 한다.

17-18세기 영국에서는 안드레아 팔라디오Andrea Palladio가 설계한 작품을 하나의 이상화된 건축으로 보고, 각자의 작품에 담아보려고 했다. 그의 작품을 모방한 것이다. 이때 이상화된 건축에는 자연도 들어간다. 르네상스 시대나 신고전주의 시대에는 궁극의 이상인 자연의 속성을 담고자 했는데, 나무나 풀의 모양을 재현하는 것이 아니라 자연의 속성과 근본 원리를 인식한 것이었다. 자연뿐 아니라 인체도 여기에 해당되는데, 인체를 제2의 자연이

라 보고 건축의 보편성을 연결한 것도 같은 맥락이었다. 한편 추상적이면서 순수한 아름다움을 안정되고 이상적인 것으로 여길 때도 있다. 단순 기하학적인 요소가 있는 건축 형태가 그것이다.

건축은 사회적인 산물이어서 '−와 같은'으로 건축가 개인의 이미지가 아니라 건축주나 사용자와 이상을 공유한다. 더 많은 사람과 공유하기 위해서도 '−와 같은'은 계속 사용된다. 사회적인 필연성을 가진 건축이라고 말하고 싶을 때는 그 범위를 넓힌다. 그래서 순수한 모방이나 개인적인 취미에서 오는 발상의 근거가 아니라, 현실을 바라보는 발상의 매체를 찾을 때도 사용된다.

이론 전개에서도 '−와 같은'을 쓴다. 기능주의를 비판하기 위해 대니얼 디포Daniel Defoe의 소설 속 주인공 로빈슨 크루소를 예로 설명한다면 이 역시 유추類推, analogy다. 로빈슨 크루소는 표류하다 발견한 무인도에 도착한 뒤 생활할 장소를 정했다. 기능을 정하고 나서 그 외딴 섬을 찾아 들어간 것이 아니다. 이는 기능에 따라 영토가 만들어지는 것이 아니라, 영토를 만든 다음 여러 기능으로 분화하는 것을 말한다. 이런 논리 역시 로빈슨 크루소와 무인도에 빗대어 공간과 기능 중 어느 것이 먼저였는가를 묻는 것이다.

건축가는 설계를 시작할 때 자신도 건물의 미래를 모른다. 그렇기 때문에 이미 알고 있는 것의 특성 또는 이상적인 것의 특성을 전면에 내건다. 설계를 시작하기 전에 건축주와 많은 이야기를 나누며, 서로가 바라는 목표를 잘 담아낼 수 있는 방법을 고민한다. 루이스 칸이 킴벨미술관Kimbell Art Museum을 설계하기 시작했을 때, 건축가와 재단이 모두 공유할 수 있는 이미지를 정했을 때도 실은 '−와 같은'이었다. 마치 자연 속 집에 초대받아 응접실에서 느긋한 마음으로 그림을 보는 듯한, 그러면서도 화가들이 자연광으로 그렸을 그림을 그대로 감상할 수 있게 해주는 미술관을 만들기로 한 것이다. 내부 분위기는 '주택과 같은' 것에 빗대었다. 전시실은 응접실, 커피숍은 식당, 아트숍은 서재처럼 구성했다.

루이스 칸이 킴벨미술관 설계에서 언급한 "자연 속에 서 있는 집 한 채"라든가 "주택의 응접실" 등의 유추는 공간의 질을 어떻게 높일 것인가, 어떤 분위기에서 감상하는 것이 작품과 예술가의 본성에 다가가게 하는가를 묻는 질문이었다. 이러한 유추는 복사나 재현과는 다르다. 공간의 원형이자 본성을 발견하기 위한 중요한 탐색이 된다. 이것 또한 이상을 공유하는 한 방식이다.

유추와 비례중항의 내부

유추는 건축설계에서 아주 자연스러운 방식이다. 건축가의 발상은 대부분 '―와 같은' 것에 달려 있다. 왜 그럴까? 건축 자체의 논리로만은 질서를 만들 수 없기 때문이다. 유추란 닮은 점을 근거로 다른 것을 미루어 추측하는 것이다. 어떤 사물과 비슷한 성질을 통해 다른 사물을 추리하게 된다. 유추는 알고 있지 못한 것을 해결하려고 이미 알고 있는 것과 비슷한 상황을 이용하는 인지활동이다. 또한 말하고자 하는 내용을 전개하기 위해 비슷한 관계에 있는 다른 사물의 속성을 근거로 추정하는 방식이다. "오렌지는 시다, 그래서 오렌지와 비슷한 귤의 맛도 역시 시다."라는 것이다. 그런데 어원은 그리스어 '아날로기아analogia, ἀναλογία'로 '비례proportion'라는 뜻이다. 'ana-'는 '무엇 위에서, 무엇에 따라서'이며 'logos'는 'ratio'를 뜻한다. 유추는 논리적으로 비례와 관계가 있고, 비례는 유추를 수로 표현한 것이다. 따라서 A:B = C:D라는 비례도 실은 유추의 한 종류다.

유추에서 흥미로운 부분은 A:B = B:C라는 비례중항이다. 비례중항은 중개사 같은 역할을 해서 유추의 기본이 된다. 이런 구전동요가 있다. "원숭이 엉덩이는 빨개, 빨가면 사과, 사과는 맛있어, 맛있으면 바나나, 바나나는 길어, 길면 기차, 기차는 빨라, 빠르면 비행기, 비행기는 높아, 높으면 백두산." 결국 원숭이는 백두산이 된다. 이것은 A:B = B:C = C:D = …… = H:I라는 식으로 다른 비례중항이 계속 이어지는 비례다. 그러나 이 방식의 가장 큰 약점은 설득력은 있는데 비논리적이라는 것이다.

이는 남의 이야기가 아니다. 가령 강화도 특산물 센터를 만든다고 했을 때, 입면을 강화도 화문석 모양의 외벽으로 둘렀다고 설명하거나, 햄버거 가게 앞에 맥도날드 상표를 내세우는 것과 같다. '강화도:화문석 = 입면:화문석 모양의 외벽'이고 '햄버거:맥도날드 상표 = 햄버거가게:맥도날드 상표로 된 문'처럼 연상 작용을 거쳐 현상안을 만드는 경우가 많다. 건물이 이상하고 불편할 줄 알면서도 심사위원을 설득하려고 만든 계획안에서 자주 등장하는 논법이다.

"사과는 떨어진다. 이것은 달이 떨어지는 것과 같다. 따라서 모든 것은 떨어진다." 이것은 아이작 뉴턴Isaac Newton의 사고다. 역시 비례에 근거한다. A와 B는 사과의 위치와 시간적인 변화이며, C와 D는 달의 위치와 시간적인 변화다. 그러면 E와 F는 다른 임의의 물체와 시간적인 변화를 말한다. 이처럼 건축에서 자주 말하는 비례는 가로 길이와 세로 길이가 아니라 이성적인 이론의 근거가 되기 때문에 자주 사용되었다.

르 코르뷔지에가 『건축을 향하여Vers une Architecture』에서 소개한 네 장의 사진이 있다. 사진은 두 쪽에 걸쳐 파에스툼Paestum과 파르테논, 자동차 임베르카브리올레Humbert-Cabriolet와 들라주 그랑Delage Grand이 실려 있다. 파에스툼에서 파르테논으로 변화하는 과정은 임베르카브리올레에서 들라주 그랑으로 변하는 관계와 같으며, 건축의 정신이 공학의 정신과 같다고 말할 수 있다. 이는 근대건축의 가장 대표적인 이론이었는데, A:B = C:D = E:F라는 비례의 논리를 그대로 따른 것이었다.

우리가 건축설계에 논리를 붙일 때 자주 범하는 오류가 여기에 있다. 이런 현상에 대하여 영국의 건축사가 존 섬머슨John Summerson은 「유추의 화禍」[18]라는 논문에서 건축 밖에서 빌려온 유추로 건축물을 만드는 것이 야기하는 오류, 특히 근대건축과 코르뷔지에의 논리를 비판한 바 있다. 그렇다면 건축은 왜 자기 자신이 아닌 다른 데서 모델을 가지고 와야 했을까?

건축이론은 결국 유추의 이론이 주를 이룬다. 그러나 비트루비우스의 『건축십서』에는 이런 유추가 보이지 않는다. 당시 건축은 여러 기술 위에 있는 지배적인 영역이었다. 오히려 철학이 건축을 통해 자신의 논리를 구축할 정도였다. 르네상스에 이르러서는 건축가의 지위가 더 높아졌는데, 이때 건축가에게는 목수가 아니라 시대를 앞서는 직업이기 위해서 이론이 필요했다. 투시도법이 당시 최신 이론이었으며, 이와 함께 비례론을 근거로 이론을 전개했다. 과거에는 건축이 다른 기술을 포괄하고 지배적이었으므로 다른 분야에 빗대어 말할 필요조차 느끼지 못했다.

그러나 서서히 사정이 달라졌다. 건축은 모방할 수 있었다. 그러나 모방은 구체적이고 직접적인 흉내였다. 건축은 이를 받아들이지 않고 다른 영역에서 논리를 빌려 왔다. 그러다가 점차 다른 분야에 끌려가기 시작했다. 18세기에 이르러 건축은 이상적인 대상을 찾아 자기 논리를 펴기 위한 모델을 필요로 했다. 그때부터 다른 분야를 빗대어 말하고 그것을 유추하여 말하는 버릇이 생겼다. 우세한 문화와 논리에 건축이 질투를 느꼈기 때문이다. 건축사가 피터 콜린스는 18세기 이후에 차용한 수많은 유추에 의거해 사고를 추적했다.[19] 이때 건축의 근거가 되는 모델로 등장한 것이 '역사'였다. 고전의 권위가 사라진 다음, 그 근거로 자리 잡게 하기 위하여 생물학적 유추, 기계적 유추, 미식학적 유추, 언어적 유추 등 건축이 아닌 바깥에서 그 이론을 찾았다. 그런데 이 네 가지는 모두 기능주의에 속했다.

근대건축이 '기계'를 유추한 것은 19세기, 기계가 사회를 주도하면서부터다. 건축은 사회의 변화를 따라가지 못하는데, 건축가가 아닌 기사가 지은 온실처럼 실용적인 건축물과 철교, 토목 구조물이 시대를 지배하는 기계를 그대로 모방하고 있었다. 그러나 건축은 시대를 이끄는 기선이나 비행기를 그대로 모방할 수는 없었다. 건축가들은 기능적으로 해석하기도 하고 동선으로도 해석해보았다. 그러나 르 코르뷔지에의 기계에 대한 은유인 "건축은 살기 위한 기계다."라는 단순한 명제를 넘어설 수 없었다. 코르뷔지에는 이 명제로 당시 건축이론을 앞서갔다. 그렇지만 그의 말은 어디까지나 은유였을 뿐이다. 따라서 '기계 미학'을 말 그대로 해석하여 기계적인 아름다움으로 이해하는 것은 잘못이다.

엘 에스코리알El Escorial의 궁전 평면도*를 보여주고 그 위에 사람의 몸을 얹은 그림이 있다. 이 궁이 어떤 근거로 지어졌는지를 설명하는 그림이다. 상징적인 부분은 사람의 머리에, 활동적인 부분은 몸에, 지원하는 부분은 다리에 해당되는 자리에 배치했다. 사람의 몸은 우주의 질서를 담고 있으므로, 몸을 닮은 이 궁 역시 우주의 질서를 담고 있다고 여겼다. 이는 흔히 우리가 잘 알고 있는 비례의 관계다. 엘 에스코리알의 궁전 : 사람의 몸 = 사람의 몸 : 우주의 질서, 건축물에 우주의 질서를 담은 것이다. 그러나 이것은 알고 보면 외부 없이 안으로 닫혀 있는 논리의 관계일 따름이다. 이런 방식은 코르뷔지에의 '빛나는 도시Ville Radieuse'*에서도 반복되었다. 열여섯 개의 십자형 고층 오피스 빌딩은 머리, 주거지역은 폐, 공장은 다리, 창고 등은 방광과 같다는 생각이 이 도시를 배치한 근거가 되었다.

유기체의 유추

건축이 닮을 수 있는 가장 큰 대상은 역시 자연이다. 건축물의 형태나 기능이 자연을 닮으면 정당화되었다. 나아가 어떻게 하면 자연과 더 가까워질 수 있을까 하는 고민은 아주 먼 과거에서부터 오늘의 건축에 이르기까지 변함이 없다.

　　자연을 닮으려면 그냥 닮지 않고, 시대마다 자연을 대하는 태도, 그중에서도 생물학에서 단서를 얻으려고 했다. 혈액의 순환계를 건축의 순환으로 해석한다든지, 신체 기관器官, organ으로 건축의 기능을 미루어 생각했다. 특히 자연이 사람에게 그대로 반영된다는 생각에 인체 비례를 가장 아름답다고 보았다. 이 비례를 건축에 적용하는 것, 얼굴에서 나타나는 표정과 그 속마음의 관계를 성격과 형태 이론으로 발전시킨 것도 자연에 대한 유추다.

　　건축가는 19세기 초부터 영감을 얻기 위해 생물학을 연구했는데, 동식물의 형태를 모방할 뿐만 아니라 자연계의 성장 및 진화 과정과 유사한 설계 방법을 찾고자 애썼다. 이처럼 유기체의 유추를 가장 잘 연구한 책은 영국 건축가 필립 스테드먼Philip

Steadman의 『디자인의 진화The Evolution of Designs』[20]이다. 그는 생물의 진화와 인공물, 특히 건축의 생산 사이에 수많은 유추의 역사가 있었음을 밝혔다. 유기체와 건축은 부분과 전체의 관계를 설명하거나 예술과 자연의 기능적인 아름다움을 이해하는 데 쓰였으며, 비례의 기하학적 시스템에 적용되었다. 또 18세기 자연사의 영향을 받아 건물 유형빌딩 타입이 분류되었으며, 해부학적인 유추를 통해 동물의 골격과 관계를 맺은 공학 구조가 발전했다.

이 유추가 건축이론에 끼친 영향으로 최근의 생물학적 사고가 어떻게 설계와 연계되어 있는지 고찰했다. 그는 생물학 중에서도 식물의 기원을 다루는 형태학morphology의 영향을 받았다. 이 용어는 괴테가 만든 것인데, 괴테는 형태학을 생물학에서 가능한 형태의 과학, 곧 가능성의 과학으로 보았다. 그는 모든 실제 식물이 이상적이고 완벽한 식물, 곧 원형적인 식물an archetypal plant의 형태상의 변종이라고 생각했다. 다윈 이전의 사고이지만 괴테는 이 형태학이 생물학에서만이 아니라 건축을 구체적으로 설명해줄 수 있기를 바랐다. 그만큼 생물학, 특히 생물의 형태학은 유추를 통해 건축의 이론과 설계에 깊은 연관성을 가진다는 말이다.

생물은 시각적인 완벽함 이외에도 생물체 내부에서 일어나는 무한한 힘의 지속적인 연결로 부분과 전체가 흠잡을 데 없이 완벽하게 조직화되어 있다. 이토록 질서 있고 조화롭게 전체성과 다양성을 유지하는 생물은 건축가에게 늘 영감과 반성의 대상이었다. 20세기에는 이런 유추에 근거해 '유기주의 건축'이 나타났다. 유기주의 건축은 생물의 형태를 유추하는 경향이 있었으며, 미국 건축가 프랭크 로이드 라이트Frank Lloyd Wright의 말처럼 마치 씨앗이 자라 풀과 나무가 되듯이 내부에서 형성된 공간이 발생하는 건축이 되었다. 이는 자연의 원칙에 부합한 공간과 형태를 창조하는 것으로 발전되었다. 또 생물의 유기적 형태는 알바 알토Alvar Aalto의 건축처럼 휴먼 스케일과 자연 환경에 따라 건축과의 관계를 더욱 인간적으로 대응하는 방식을 찾는 개념적 배경이 되었다.

자연은 외적인 영향과 내적인 힘으로 꾸준히 성장한다. 자신 안에 머무르는 존재들과 함께 긴 시간을 견뎌야 하는 건축으로서는 절대적인 이상향이 '생물'이었다. 그중에서도 특히 나무를 참조했다. 나무는 건물처럼 땅에 뿌리를 박고 서 있다. 줄기와 가지를 뻗고 있는 모습은 땅에 기초를 두고 위로 올라와야 하는 건축물과 같았고, 그 아래 있는 사람을 에워싸는 모습도 건축이 감싸야 할 공간적 모델로 비춰졌다. 게다가 나무는 꽃과 잎과 줄기라는 각 부분이 전체의 조직 속에서 합리적이고도 아름답게 통합되어 있는 모습이다. 다양한 재료를 사용해야 하고 이를 조직적으로 접합하는 건축으로서는 더할 나위 없는 유추의 대상이었다.

성장하는 생물을 본격적으로 유추한 건축 운동은 일본의 메타볼리즘Metabolism이다. 이들은 생물의 신진대사 작용을 근거로 성장과 변화, 재생과 교체라는 건축적 개념과 방법론을 구체적으로 생각했다. 또 당시 기술과 대량생산, 도시 성장에 대응하는 건축적 방법을 모색했다. 메타볼리즘은 마치 기계를 설계하듯이 마스터플랜으로 도시를 계획해서는 안 된다는 주의였다. 자연적으로 발생하고 성장한 마을이 가치를 창출하고, 각각의 요소들이 생물처럼 서로 의존하면서 유기적으로 발전하기 때문이다.

오늘날에는 생물형태건축biomorphic architecture이 있다. 이는 생물 형태를 연상시키는 건축이다. 그렉 린Greg Lynn의 건축처럼 배아 단계에서 자라나는 동물에 빗대어 복잡한 알고리즘의 변수로 환경에 대응하는 형태의 변화를 추적하는 작업이다. 또 생물모방건축biomimicry architecture도 있다. 스테드먼은 이미 『디자인의 진화』에서 1990년대에 나타난 유전적 알고리즘을 통해 생물형태건축도 다룬 적이 있다. 한편 'biomimicry'란 생물체의 특성, 구조 및 원리를 산업 전반에 적용시키는 것을 말한다. 이는 인간의 문제를 해결하기 위한 모델, 시스템, 생물체의 피부나 골격 등의 자연 요소를 물리화학적으로 모방하고자 한다.

기능과 유추

근대에서 기능을 중시한 것은 산업혁명에 따라 사회가 변하고, 기계 생산과 대량생산으로 바뀌었기 때문이다. 그 이전에는 물건이 사회적인 관습이나 전통, 신분에 따라 고정된 형태로 만들어졌으며, 형태는 취향이므로 기능과 밀접한 관계가 있다고는 생각하지 않았다. 근대 이후 물건이 어떻게 사용되며 무엇을 위해 쓰이는지 그 목적이 중요시되자, 기능이 새로운 가치로 등장하며 사물의 근거가 되었다. 심지어는 사람까지도 기능의 대상이 되었다. 이런 생각은 이전 시대로부터 자유를 선언한 것이었고, 분명하고 효율적인 생산과 소비의 기준이 되었다.

19세기 중반부터는 기능이 특정 건물 또는 건물의 일부분에서 이루어지는 활동, '용도'라는 뜻으로 사용되기 시작했다. 그래서 '새로운 기능을 가진 건물' '공장 기능을 가진 건물'이라는 말이 통용되었다. 근대에 이르러 공장, 철도 시설, 학교, 집합 주택, 사무소 등이 속속 등장했다. 그러나 이런 건물에 대응하는 적절한 형태를 찾아내기가 어려웠다. 그래서 철도 역사나 병원을 만들어도 그 형태는 여전히 중세 고딕 양식이었다. 사회는 근대화되는 반면, 형태는 과거 양식을 사용한다는 모순이 있었다. 사무소 건물은 그중에서 가장 새로운 유형으로 도시 구조를 바꾸어 놓았지만, 고층으로 지어질 때도 외관은 여전히 고딕 양식으로 지어졌다. 이를 보면 당시 건축이 왜 그렇게 기능에 충실하였고, 기능에 따른 형태에 관해 얼마나 열심히 논의했는지 알 수 있다.

기능機能, function이라는 말은 본래 무언가에 대한 유추이며, 건축에서는 수학, 생물학, 사회에서 사용하던 것을 은유로 빌려 왔다.[21] 기능적인 적응이라는 생각은 근대건축보다 먼저 생물학의 전제였다. 유기적 건축이 기능적 건축인 것은 아니지만, 종종 유기적 건축은 기능적 건축과 같은 말로 사용되었다. 건축은 어디까지나 사람의 의지에서 생긴 산물이고, 생물처럼 유기적인 조직이 될 수 없겠지만, 기능 면에서 동식물의 특성을 반영했다. 근대건축과 도시를 결정한 기능주의도 유추에 근거한 것이다. 'function'은 함수이므로 기능주의functionalism는 다른 말로 '함수주의'라고 할 수 있다. 변수 x가 변하면 그에 따른 함수 y도 변한다. 사회학에서 제도·역할·규범과 같은 사회 요소들은 어떤 목적을 가진다는 것이며, 이는 사회를 유기체로 보았던 19세기 사회과학자들의 주장이기도 했다.

근대건축에서는 자연이나 동식물뿐 아니라 기계를 모델로 삼았다. 기계는 효율적으로 기능을 수행하기 위한 장치이기 때문에 당연히 기능에 대한 합목적성만이 아니라 생산 문제까지 안고 있다. 따라서 단지 기하학적인 형태를 추구하기 위한 배경이 아니라, 공업화를 사회적으로 인정한 결과다. 기계가 목적을 달성하려면, 합목적적이고 기능적인 부품으로 구성되어야 한다. 장소에 구애를 받아서는 안 되고, 어떤 장소에서도 변함없이 작동되어야 한다는 조건이 필요하다. 도시 역시 기계를 모델로 삼았다. 건물이 특징과 용도로 순수하게 분리되듯이 도시도 기능별로 분리된 조닝zoning, 용도지역지구제 개념으로 파악되었다. 크게 주거, 여가, 노동, 교통으로 나누고 각 기능을 수행하는 구조체로 지정하였다.

이처럼 근대사회에서는 기능이 기계라는 이상적 모델을 유추하였다. 기능주의에는 유기체에 대한 유추와 도덕적이며 윤리적인 유추가 있다.[22] 유기체는 부분과 전체가 그 기능을 잘 따르고, 표정이 마음을 솔직히 드러내야 도덕적이듯이, 건물도 그러해야 시대를 진정으로 표현하는 것이었다.

그런데 현대사회를 주도하는 기계는 근대의 기계와 다르다. 먼저 부품으로 명확하게 분리되지 않는다. 컴퓨터라는 기계는 근대의 역학적인 기계가 아니다. 그 안에 흐르는 보이지 않는 전류에 의해 작동하는 것이어서, 구성하는 부품을 완전히 구분할 수 없다. 내부에 흐르는 정보와 기능은 표면에 나타나지 않으며, 따라서 오늘날 건축이 현대의 기계를 모델로 한다면, 형태가 기능을 따른다는 명제가 의미 없어진다. 그렇다면 건축의 논리가 유추에서 벗어났을까? 그렇지는 않다. 이전 기계에서는 그 작용이 보이는데, 오늘날에는 보이지 않을 뿐, 유추는 계속되고 있다.

'—와 같은' 배열

'카페와 같은' 부엌이 있는 집이라고 할 때, 이는 단순히 부엌 분위기가 카페와 같다는 것 이상의 의미는 없다. 그런데 '식물원과 같은' 집이라고 하면, 말의 뜻을 뛰어넘는다. 이렇게 표현하는 것만으로도 집의 주인이 식물로 바뀌고, 거실-식당-침실이 배열되는 기존 질서가 크게 바뀔 것 같은 느낌이 든다.

'기계와 같은' 건축, '생물과 같은' 건축, '생태계와 같은' 건축, '의복과 같은' 건축, '공기와 같은' 건축, '공원과 같은' 건축, '커다란 나무와 같은' 건축, '다리와 같은' 건축, '지형과 같은' 건축, '구름과 같은' 건축, '숲과 같은' 건축, '작은 도시와 같은' 건축, '광장과 같은' 건축, '공중에 떠 있는 것과 같은' 집, '개미집과 같은' 집, '산맥과 같은' 공간 등 '—와 같은' 건축이 참 많다. 새로운 단어로 '—와 같은' 건축을 말할 때, 그것이 새로운 개념이 될 수 있으리라는 기대를 건다. 더욱이 건축에는 '—한 듯이'라는 표현도 자주 등장한다. 이를테면 자연 사이에 자리 잡게 하려고, 그 주변의 아름다움에 감명 받아 설계한 건축물을 "자연에 녹아든 듯한" 건물로 설계하고 싶었으며, 그래서 마치 "지면에서 우뚝 솟았다가 사라지는 듯이" 보이게 했다는 설명이 그러하다.

어떻게 보면 이러한 사고의 표현은 막연히 공간 분위기가 "자연에 녹아든 것 같고" "지면에서 우뚝 솟았다가 사라지는 것 같다"고 말할 수 있다. 그러나 이러한 표현을 부분과 전체의 배열에 적용한다면 '자연에 녹아든 것 같다'는 것은, 건축물인 이상 반드시 가질 수밖에 없는 부분의 윤곽을 어떻게 지워서 내부에서 외부로 이어지도록 할 수 있을지를 나타낸 것이다. '지면에서 우뚝 솟았다가 사라지는 것 같다'는 것은 비교적 멀리서 바라보았을 때 환경의 한 부분인 건물이 고립되어 있지 않고 주변과 한 묶음이 되었으면 좋겠다는 생각을 나타낸다. 이 또한 부분과 전체를 어떻게 배열할 것인가에 직접 관여하는 말이다.

'카페와 같은' 부엌이 있는 집이라는 표현도 마찬가지다. 부엌은 카페와 음식을 만든다는 점에서 닮았지만, 부엌은 카페의 자유분방함이나 도시라는 외부적 성질을 가지고 있지 못하므로 이를 닮고 싶다는 마음이 든다. 건축은 비슷하게 닮아 있지만, 가지지 못한 부분을 얻으려고 할 때 유추한다.

특히 생물은 건축의 부분과 전체를 생각하는 데 가장 잘 이용된다. 먼저 '나무와 같은' 건축을 말할 때 논리가 아주 편하다. 커다란 나무 아래 있으면 기분이 좋다. 여름에는 햇빛을 가려주고 비도 피할 수 있게 한다. 수분을 품고 있어서 가까이 서면 시원한 냉방장치가 된다. 나무를 설비 장치에 빗대어 말한 것이다. 다음은 구조 면에서 생각해보자. 나무는 든든하게 뿌리를 내리고 있으며, 뿌리를 펼친 하나의 기둥으로 전체를 지탱한다. 이 단계에서는 기둥이 나무를 건축적으로 해석하게 한다. 그 다음은 동물이든 사람이든 예부터 나무를 거주지로 삼았다는 용도 면에서 생각해본다. 그러고 나서 이렇게 말한다. "나무 한 그루가 실현한 다양한 작용을 여러모로 궁리하여 건축으로 바꾸어 놓는다면 어떻게 될까, 자연의 뛰어난 작용은 언제나 우리의 모범이 되며 앞으로도 따라야 할 목표이다." 이것이 건축을 나무에 빗대어 말한 목적이 된다. 그래서 '나무:설비 = 나무:구조 = 나무:용도 = 나무:올바른 건축'이라는 논법을 사용한다.

건축이 닮고 싶어 하는 또 다른 요소는 옷이다. 옷은 날씨에 따라 민감하게 바뀌며 사람의 몸을 직접 감싼다. 건축물도 사람을 감싼다. 더욱이 벽과 칸막이는 옷과 같지 않을까, 옷처럼 사람의 몸에 가까이 갈 수 있지 않을까, 그리고 옷과 자연 사이에서 조금 더 민감하게 반응할 수 있지 않을까, 그러려면 옷처럼 건물 외피가 가벼울 수는 없을까 하는 바람이 생긴다. 게다가 옷감은 짜인 것이다. 촘촘히 짜인 것이 있고 성글게 짜인 것이 있다. 여러 재료로 짜이는 건축으로서 옷과 옷감은 닮고 싶은 대상이 된다.

그래서 '옷과 같은' 건축을 이렇게 말한다. 예를 들면 "봄이 찾아오는 날에는 눈이 성긴 커튼을 통해 상쾌한 바람을 느끼고, 비가 계속 오는 날에는 가벼운 레인 코트를 입고 뛰어다니며, 햇빛이 강한 여름날에는 차양이 넓은 모자에 바슬바슬한 감촉의

티셔츠를 입고 시원함을 느낀다. 그리고 가을이 되어 나무들이 물들면 모직 재킷의 옷깃을 세워 바람을 막는다. 눈이 소복소복 내리는 겨울날에는 공기를 가득 채운 다운재킷을 걸치고 따뜻함을 느낀다."[23] 집은 옷이므로 사람이 계절에 따라 옷을 갈아입듯 집도 환경을 갈아입는다. 옷을 입는 과정을 정교하게 묘사하는 이유는 집에 감정을 담고, 집이 옷처럼 작용하기를 바라기 때문이다.

"사람이 온몸으로 호흡하듯이, 옷을 골라 입고 벗으며, 환경을 부드럽게 끌어넣는다." 이러한 유추는 사람의 몸에서 시작한다. 사람의 몸이 호흡하는 것은 옷을 골라 벗고 입는 것과 같다. 무엇보다도 옷은 몸에 직접 닿는다. "마치 옷을 벗고 입듯이 가벼운 감각으로 집을 움직임으로써 자유롭고 즐거운, 전혀 새로운 집의 형태를 만든다."라고 말한다.

이제 옷을 벗고 입는 것은 가벼움이고 가벼움은 집을 움직인다. 움직임은 자유로움이고 자유로움은 즐거움이며 즐거움은 사람에게 속하는 것이다. 이 예시에서는 신체에서 시작하여 옷으로, 옷에서 집으로 그리고 다시 집에서 몸으로 이전한다. 이 유추에서는 '사람의 몸:호흡 = 호흡:갈아입는 옷 = 옷:직접성 = 직접성:가벼움 = 가벼움:움직임 = 움직임:자유로움 = 자유로움:즐거움 = 즐거움:집 = 집:사람의 몸'이 된다. 이는 건축물을 구성하는 부분과 전체의 배열을 다시 생각하게 하는 유추다.

오늘날 건축에서는 건축 밖에 있는 무언가의 작용을 받아들임으로써 건축이 가지고 있지 못한 내부의 조직을 바꾸려는 논리로 사용한다. 특히 건축의 본질과 관련된다고 생각하지만 건축이 아직 가지고 있지 못한 것, 다시 말해 보이지 않는 것과 가벼운 것, 확정될 수 없는 것, 스스로 바뀌는 것 등에 빗대어 말한다. 이를테면 건축은 중력장 안에 존재하는 구축물이지만 전체가 떠오르듯 보이기 위해 건축물과는 전혀 상반되는 '부력浮力'이라는 개념을 갖고 들어온다. 또 건축 재료는 대부분 손으로 만질 수 있는 무거운 것인데, 만질 수도 없는 빛과 바람을 공간을 만드는 재료로 가져오는 식이다. 가볍고, 변화무쌍하고, 규정되지 않는 것으로 만들어 보겠다고 생각하는 것이다.

때로는 반사하고 흡수되는 소리처럼 건축의 공간도 반사하는 공간과 흡수하는 공간이 될 수 없을까를 생각하는데, 반사하는 공간이란 부분을 흩뜨리는 것이고, 흡수하는 공간이란 부분을 내포함을 뜻한다. 다만 반사하고 흡수한다는 것은 부분이 건축을 구성하는 벽과 바닥, 천장, 기둥만이 아니라 빛과 그림자, 소리까지도 건축을 구성하는 부분으로 여기겠다는 의도다. 이처럼 유추는 부분의 범위와 성질도 변화시킬 수 있다.

기원과 원형

원시적 오두막집

근대건축의 시작은 건축의 기원을 탐구하는 데 있다. 18세기를 통틀어 거의 모든 건축가의 의지는 건축의 기원에 있었다. 그런 탓에 마치 장자크 루소Jean-Jacques Rousseau가 『언어기원론Essai sur l'Origine des Langues』을 탐구했듯이 건축을 생각하는 거의 모든 시선이 기원으로 향했다.

원리를 찾는 일은 다양한 가치가 인정되는 시대에 요구된다. 이것을 증명하는 역사적인 사실은 다름 아닌 신고전주의 건축에서다. 건축에서 신고전주의가 나타난 건 18세기 중반이다. 르네상스 이래로 고대 로마가 조형의 원리이자 규범이었다. 고대 로마보다 더 오래된 유적이 그리스에 있다는 소문을 듣고 아테네의 고대 건축을 정확히 전하고자 고고학자 제임스 스튜어트James Stuart와 건축가 니콜라스 레벳Nicholas Revett이 나섰다. 그들은 실측하여 도면을 펴냈고 이것이 유럽에 널리 알려졌다. 이렇게 신고전주의 건축은 원리와 실증성을 추구함으로써 생겨났다. 그리스 건축의 재발견은 신고전주의를 불러온 중요한 원인이 되었다.

그런데 신고전주의 건축은 정형화된 틀 안에서 만드는 것이 아니라, 원천으로 거슬러 올라가 건축 본래 모습을 찾으려는 지적

탐구로 성립했다. 여기에는 두 가지 방향이 있었다. 하나는 건축의 원천을 논리적이며 철학적으로 고찰해 순수한 원형을 이념에 의거해 찾아내려는 시도다. 또 다른 방향은 고고학적인 정확성을 가지고 과거를 대하려는 태도다. 이처럼 신고전주의는 이념적 순화와 고고학적 실증이라는 방향성을 가지고 있었다.

건축을 본질적인 원형으로 환원해 그 안에서 고귀한 단순함을 찾겠다는 시도 중에서 가장 분명한 논리는, 프랑스 예수회 신부이자 아마추어 건축이론가인 로지에가 지은 『건축시론Essai sur l'Aarchitecture』이었다. 이 책의 속표지에 있는 〈원시적 오두막집 The Primitive Hut〉˙그림은 건축역사상 가장 유명하고도 큰 영향을 미친 그림이 되었다. 이 그림은 건축의 기원이 벽 없이 기둥과 보만으로 이루어진 단순한 구조에서 비롯되었음을 설명하는데, 그 안에는 건축가인 듯한 한 여성프랑스어로 건축은 여성 명사다이 구조물 '밖'에서 네 개의 기둥으로 발생한 공간을 가리키고 있다. 이는 자연이 가장 본질적인 건축 요소이며, 건축의 기원은 자연이고, 원기둥의 기원이 나무에 있음을 주장하는 것이었다.

건축의 기원이 나무로 기둥과 보를 만들고 그 위에 지붕을 얹는 데서 시작했다고 보는 것은 순수한 상태의 건축이다. 여기서는 기둥과 기둥이 받치는 엔타블레이처entablature와 삼각형 지붕뿐이지, 벽이나 창, 문은 모두 나중에 생겼다고 말한다. 로지에가 기둥과 보, 슬래브로 구성되는 현대의 철근 콘크리트와 철골 구조를 예언한 인물임을 생각하면, 최초의 근대 건축사상가라는 평이 결코 무리가 아니다. 이집트 건축에서 그리스로 이어져 4,000년이 지난 지금, 건축이 기둥과 보 그리고 지붕으로 이루어진 구조물이라고 말하는 것은, 해답을 보고 정리한 말에 지나지 않는다고 여겨질 것이다. 하지만 그렇지 않다. 여기서 중요한 것은 '원시적 오두막집'이라는 원시적 상태로 그 시간을 거슬러 올라가 돌 이전에 '나무'로 기둥과 보를 만들었다고 생각한 지점이다. 역설적이게도 이 아마추어 건축이론가의 책을 통해 건축을 '기원' '환원' '단순함' 이라는 입장에서 다시 바라보게 되었다.

기원

건축사가 조지프 라이쿼트Joseph Rykwert는 '아담의 집'이 유럽인의 숨겨진 바람, 곧 잃어버린 거룩한 땅의 원형을 상징한다고 말했다. 또 미개인의 집에 대한 이념과 근대건축의 이념이 원리적으로 일치하고 있다고 지적한다. 한편 파르테논으로 상징되는 지중해의 고전적 정신은 르 코르뷔지에가 생각하는 건축의 기원이었다. 유럽의 근대사회는 기원의 사고가 있었는데, 코르뷔지에에게 고대 그리스는 조화로운 전체성의 이미지였다. 그리스에 대한 환상이 건축의 기원이 된 것이다.

코르뷔지에는 "원시인은 존재하지 않는다. 단지 원시적인 방법이 있는 것에 지나지 않는다. 집의 이념은 기원으로부터 나오며, 언제나 같고 강력하다."고 역설했다. 또 『건축을 향하여』에서는 "제일 먼저 자기 자신의 몸에서 나온 단위로 측정함으로써 그 건축은 인간의 치수로, 인간의 스케일이 조화된 것으로 만들어졌다. 그다음 본능에 이끌려서 직각과 축과 사각형과 원도 사용하기 때문에 …… 원시인에게 스스로 만든 것을 확인하지 않고 만든다는 것은 있을 수 없는 일이었다. 왜냐하면 원, 축, 직각은 기하학의 원리이며, 우리가 눈으로 판단할 수 있는 진리이기 때문이다. …… 기하학은 정신의 언어다."라고 썼다.

'원시적 오두막집'에 대한 믿음은 『월든Walden』을 지은 사상가 겸 문학가 헨리 데이비드 소로Henry David Thoreau, 시인 랠프 월도 에머슨Ralph Waldo Emerson과 월트 휘트먼Walt Whitman에게, 또 건축가 프랭크 로이드 라이트에게서 발견된다.[24] 라이트는 『살아 있는 도시The Living City』[25]에서 인류의 조상을 '숲속의 조상'과 '동굴 속의 조상'으로 대별하고, 우리는 '동굴 속의 조상'을 따르지만 언제나 숲속의 조상을 동경하고 있다면서 '숲속의 원시적 오두막집'을 찬미하고 있다. 건축가 아돌프 로스Adolf Loos도 호반의 마을에 진정한 아름다움이 있다고 생각해 원시적인 농민 문화를 예찬하였다. 이처럼 기본적으로 근대건축가의 이념과 배경에는 '원시적 오두막집'에 대한 신념이 있었다.

기원은 이성, 출발점, 규범, 원천을 찾으려는 시도이며, 기원을 의식하는 것은 그 자체가 자기의식의 태도다. 자기의식이 가장 크게 발현된 건축, 그것은 다름 아닌 근대건축이었다. 신고전주의가 그랬듯이 건축의 규범을 찾는다고 확정된 규범이 정해지기는커녕 오히려 여러 곳에서 저마다 입장을 표명하기 시작했다. '다양한 양식의 부흥'이라는 19세기 절충주의도 실은 신고전주의 건축의 원리와 실증성에 대한 탐구의 연장선에 놓인 것이었다. 이로써 새로운 세계를 파악하려는 자기의식이 또다시 발현되었다. 자기의식은 추상을 추구하고, 이런 추상화가 건축의 가능성을 확대해주었다. 건축의 역사란 추상화를 통한 건축 영역의 확대였다.

'시작'이란 역사적으로 거슬러 올라가 시간 순으로 가장 먼저 생겼다는 의미가 아니다. '기원起源, origin'을 뜻한다. 그러나 시간과는 상관없이 변하지 않는 건축의 본질이 동굴에 있다고 여기면, 이는 인간이 거처하는 장소의 근본을 나타내게 된다.

코르뷔지에는 파르테논과 자동차를 병렬*로 놓음으로써 자동차를 만드는 정신과 파르테논을 만드는 정신이 같다고 보고, "건축은 살기 위한 기계"라는 근대건축의 중요한 명제를 추상화한 바 있다. 이 추상화가 다름 아닌 건축의 이론이다. 물론 코르뷔지에의 사고가 오늘날 그대로 이어진다는 뜻이 아니다. 그러나 기원은 그 옛날 무엇이 아니다. 그것은 언제나 '지금'의 기원이 언제인가, '현재'는 어디까지 거슬러 올라갈 수 있는가를 묻는 것이다. 따라서 기원은 지금에 관한 문제 설정이다.

라이쿼트는 기원이 과거를 표시하는 것이지만, 동시에 미래로 갈 길을 안내해주는 것이라고 해석한다.[26] 사람은 언제나 에워싸는 것을 짓고자 열망한다. 의자나 테이블 아래 에워싸인 공간을 자신의 자리로 택하는 것은 아늑한 장소를 소유하고자 하는 열망과 같은 것이다. 그래서 아이들의 아주 흔한 놀이만 보아도 어디에 숨으려는 경향이 나타난다. 건축에서 생각하는 기원이란 이런 것이다. 저 먼 옛날, 제일 처음에 있었던 역사적인 처음을 되돌아보는 것이 아니다.

라이쿼트에 따르면 기원이란 늘 갱신renewal할 수 있도록 보장하는 것이다. 말이 기원이지, 기원으로 되돌아가는 것은 결국 인간이 발전하는 데 늘 존재하는 상수常數와 같은 것이다. 건축이 인간의 모든 활동을 따르는 것은 바로 이러한 상수 때문이다. '원시적 오두막집'이라고 해서 문자 그대로 먼 옛날 아무도 모르게 있던 오두막집이 아니다. 인간이 짓고 살았을 것이라고 추론하는 첫 번째 집이며, 따라서 변하지 않는 인간의 상수이다.

기원에 관한 논의는 이론가들이 부수적으로 갖다 붙인 관심사로 여겨서는 안 되며, 오래된 신화나 의례에 있던 우연한 요소로 치부해서도 안 된다. '기원으로의 회귀the return to the origins'는 습관적으로 반복하는 바를 다시 생각하도록 하는 암시다. 또 일상의 행위가 과연 타당한지 생각하고 이를 갱신하는 것이다.

라이쿼트는 이렇게 표현한다. '기원으로의 회귀'는 "단순히 계절마다 반복하는 자연스러운또는 신성한 승인을 기억하는 것이다. 이것은 우리가 왜 집을 짓는지, 무엇을 위해 집을 짓는지 지금 다시 생각할 때, '원시적 오두막집'은 사람을 위해 지어지는 모든 건물의 본래의 의미, 따라서 본질적인 의미를 다시 상기시킴으로써 그 타당성이 유지된다."

아주 오래전, 갱신은 늘 계절이 변한다든지 종교적 세계로 가입하는 제의에서 추구되었다. 그런 것처럼 기원에 비추어 뒤떨어진 관심이나 실천을 갱신하는 데 그 의미가 있다.

원형
심적인 경험의 은유

원형原型, archetype이라고 하면 모든 것이 여기서 나왔으므로, 새로운 것을 생각할 필요도 없이 따르기만 하면 되는 것으로 여긴다. 원형의 사전적 의미는 같거나 비슷한 여러 개가 만들어져 나온 본바탕, 본래의 틀, 시작이 되는 구조와 구성을 가지고 있는 것이다. 그러나 건축에서의 원형은 그런 뜻이 아니다. 이를테면 원은 하늘이고 사각형은 땅이라고 할 때, 도형이 아니라 심적인 경험을 은

유적으로 표현한 것이다. 원형은 이렇게 사람의 마음 깊은 곳에 있는 본래의 이미지를 말한다. 원형이 모두 건축과 연관되는 것은 아니지만, 수많은 종교 건축과 기념물에 심적인 경험의 유형인 '원형'이 포함되어 있다.

노래 〈고향의 봄〉에 나오는 나의 살던 고향은, 꽃피는 산골이며 울긋불긋 꽃대궐 차린 동네다. 그러나 나는 실제로 "꽃피는 산골"에 살아 본 적이 없으며 나의 고향은 "울긋불긋 꽃대궐 차린 동네"가 아니다. 그런데도 한국 사람들은 이 노래를 부르면 부르는 이나 듣는 이나 애잔한 감정이 북받쳐 오르고 눈시울이 붉어진다. 봄에 핀 꽃을 보면 마치 어린 시절의 아련한 추억을 떠올리듯 이 노래를 부른다. 왜 그럴까? 우리나라 사람이 사는 마을의 원상原像이 '꽃피는 산골'이며, 고향은 '울긋불긋 꽃대궐 차린 동네'로 되어 있기 때문이다. 이것이 한국 사람이 살아야 하고 살고자 하는 마음의 원형이다.

이런 마음의 원형을 '집단적 무의식'이라고 한다. 개인적인 경험을 넘어 집단이 공유하는 무의식인데, 칼 구스타브 융Carl Gustav Jung에 의한 분석심리학의 개념이다. 완전히 떨어져 있지만 각각의 지역 문화가 동일한 신화를 갖는 것은 무언가의 집합적 무의식이 존재하고 그것을 공유하고 있기 때문이라고 생각한다. 이러한 집합적 무의식의 내용을 원형이라고 한다. 원형이란 인간이 공통으로 갖는 정신의 틀, 질서와 같은 것이다.

이와 비슷한 말로는 전형典型, prototype이 있다. 이것은 원형과는 다르다. 전형은 같은 부류의 특징을 가장 잘 나타내고 있는 본보기라는 뜻이다. 원형은 어떤 그룹의 추상화된 '본래original' 이미지가 강조되지만, 전형 또는 프로토타입은 '처음first'이 강조된다. 또 원형에는 단계별 구분이 없지만, 전형에는 있다.

새를 생각한다고 가정해보자. 이때 종달새가 제일 먼저 생각나면 종달새는 새의 전형 또는 프로토타입이 된다. 카테고리는 전형을 중심으로 전형에 가까운 것에서 먼 것으로 구분된다. 원형에 대해서는 원형에 가까운 것에서 먼 것으로 단계별로 구분된다는 개념이 성립하지 않는다. 한편 어떤 카테고리의 전형에 대해 '선입관'이 짙게 반영되어 고정관념이 되면 이를 스테레오타입stereotype이라고 한다.

원형의 의미

이집트 피라미드는 약 4,000년 전에 세워졌다. 그리고 긴 시간을 지나 20세기의 건축으로 이어졌다. 르 코르뷔지에는 피라미드에 자극을 받아 문다네움Musée Mundaneum 계획을 발표하고, 아이오밍 페이I. M. Pei는 루브르박물관Musée du Louvre 중정에 유리 피라미드 그랑 루브르Le Grande Louvre를 세웠다. 그런데 이를 보고 누구도 흉내를 냈다거나 표절했다고 말하지 않는다. 피라미드는 건축의 원형이기 때문이다.

　인류가 처음으로 세운 건축을 생각하면 동굴이 떠오른다. 그러나 누구도 본 적 없고, 증명되지 않은 사실이므로 엄밀히 말해 '처음으로'라고 단정지을 수 없다. 그런데도 동굴을 두고 이것이야말로 건축의 시작이라고 한다. 누구도 이 사실을 부정하지 않는다. 동굴에서 발견되는 공간, 동굴을 통해 사람이 느끼는 본원적인 감정을 더해 주거의 원형이라고 생각하는 것이다. 이처럼 건축은 원형의 기술이고, 원형의 예술이며, 원형의 실천 학문이다.

　건축은 건축서에서 말하는 대로 이집트나 그리스에서 시작된 것이 아니다. 대체로 주거와 건축은 같지 않아서 비바람을 막는 것 이상의 기능을 부여해 건축을 만들었으므로, 건축에는 사람이 생활하는 주거 이상의 의미가 있다. 사람이 살지 않는 신전과 같은 건축물이 건축의 대표 주자였던 것을 보면, 건축과 주거는 반드시 일치하는 것이 아니다.

　그러므로 건축의 원형은 주거에 있고 주거가 아닌 것에도 있으며, 수혈식 주거와 거석巨石에도 있다. 숲에 있는 나무를 잘라내고, 벽을 만들 줄 몰라 정지한 땅을 판 다음, 기둥 하나를 세우고 그것에 의지해 지붕을 걸었다. 벽이 없어도 지붕만 있으면 비바람을 막을 수 있게 만든 최초의 집은 이러했다. 그래서 평면은

원이다. 원이어야 돌로 벽을 쉽게 쌓을 수 있고, 지붕을 만들 때도 유리하다. 사람은 원에서 시작한다. 그래서일까, 어린아이에게 크레용을 쥐여 주면 사람이나 꽃이나 집이나 모두 원으로 그린다. 사람의 무의식에는 모든 형태가 원으로 되어 있는 모양이다.

또 다른 하나는 거석이다. 주거는 각자 사는 것이어서 내가 나인 것을 확인해준다면, 건축은 개개인을 넘어 신을 향하고 사회를 향하는 것이다. 이런 무의식의 조형이 큰 돌을 높이 세운다. 사람이 두 다리로 땅을 딛고 서듯이, 돌도 하늘과 태양을 향해 서게 하여 초월적이고 강렬한 공동의 정신이 작용한다고 믿었다.

건축의 원형에 대해서는 주장하는 사람마다 다르다. 조지프 라이쿼트는 집의 원형을 동굴처럼 '발견된 볼륨the found volume of the cave'과 텐트나 나무 그늘처럼 '만들어진 볼륨the made volume of the tent or bower' 두 가지라고 말했다. 입체 구조로 내부 공간을 형성한 동굴과 인공적으로 만든 가느다란 골조 구조인 텐트는 건축의 원형이기 이전에 구조의 원형이다. 이는 동굴에 사는 농경인은 벽의 그림자 안에서 살지만, 돌아다니는 사냥꾼 전사는 접는 텐트를 발명했다고 하는 것과 같다.[27]

아이는 어머니의 자궁에 있어야 하지만 곧 벗어나야 한다. 아이에게는 자궁이 벗어나야 할 두려움이기도 하고 안전한 기쁨이기도 하다. 마찬가지로 건축의 공간에는 배제exclusion와 포함inclusion이 공존한다. 화로의 불이 공동체에 포함되고, 동시에 이에 속하지 않는 다른 이들을 배제한다. 고트프리트 젬퍼가 화로와 불을 건축의 중요한 요소로 꼽은 것은 물리적인 공간과 함께 사람들의 결속이 있어야 한다는 뜻이었다. 구조에는 원형이 있지만 그것이 그대로 건축의 원형이 되는 것은 아니다. 사람들의 공동생활이 구조의 원형을 건축의 원형으로 바꾼다.

발리섬에서는 집과 대지가 9분할 도형으로 이해된다. 이는 집 안의 질서이자 우주의 질서로, 심리적으로나 문화적으로 발리 사람들의 모든 생활을 통제하는 우주론이다. 지하 주거 공간이나 바로크 양식으로 지은 궁전처럼 방이 많은 건물에 들어서면 공통적으로 미로에 있는 듯한 느낌을 받는다. 현실적으로는 주거와 궁전을 경험했는데, 그것이 삶의 두려움과 불안이라는 수수께끼로 이어지는 이유는, 심적인 경험이 현실에 없는 하나의 이미지로 연상되기 때문이다. 이렇게 건축의 공간은 상징이 된다.

'집모양'은 가형家形의 다른 말이다. '집모양'은 삼각형의 맞배지붕으로 된 집을 가리킨다. 육면체와 비교하여 사람에게 친숙하면서도 정신적인 이미지의 힘이 있다. 이것은 일종의 집의 원형이다. 실제로 우리가 태어난 집은 다른 모양이며 따로 배우지 않았지만, 건축을 배우고 설계할 때마다 이 집모양이 자주 머릿속에 맴돌곤 한다.

그런데도 모더니즘은 전통적인 집모양을 거부했다. 이에 대한 반발로 건축가이자 도시계획가인 로버트 벤투리Robert Venturi를 비롯한 포스트모더니즘 건축가들은 '집모양'을 재발견*했다. 이 당시에는 기호로서나 과거에서의 집모양이었으나, 그 뒤에는 독자적인 공간이나 고유한 현상이 발생하여 주변의 지역성을 나타내는 형태로 사용되고 있다.

가형토기家形土器는 곡식을 담는 창고로서, 풍요를 기원하는 농경사회의 전통적인 신앙과 저승에서도 풍요로운 생활을 계속하길 바라는 염원으로 만든 것이다. 보통 기둥으로 받쳐 올린 고상가옥高床家屋 형식과 일반적인 지상 가옥地床家屋 형식이 있으며, 지붕에는 초가지붕과 기와지붕 형태가 있다. 선조들은 세상을 떠나 저승으로 갈 때도 집은 필요하다고 여겼다.

'집모양'은 문학이나 심리학, 동요 등에 상상의 대상으로 등장하는데, 어린이 책에 그려진 집은 거의 이와 같은 모습이다. 집모양은 인간의 마음 깊이 공유하는 집의 원상原像이자 잠재적 기억이라고 할 수 있다. 심리학에서 지그문트 프로이트Sigmund Freud는 마음에 의식과 무의식이 있고, 의식에는 사회적이며 문화적인 의식이 있다고 지적했다.

뒤이어 칼 융은 무의식 안에 인류의 공통분모가 있음을 발견하고, 이를 집합적 무의식, 그 작용의 패턴을 원형이라고 불렀다. 그런데 원형은 직접 알 수 없고, 어떤 상징이나 이미지를 통해서 명료해진다. 집합적 무의식은 원형인 집모양에 직결되며, 집모양은 융의 집합적 무의식이라는 개념에 속한다. 이는 인간이 집을 짓고 살아온 이래 반복적으로 사용되고 기억되며 문화 저변에 형성된 원형이 되었다.

그래서 원형은 사람들이 무의식적으로 내면화하는 어떤 경험을 연상시킨다. 이는 일상을 깊이 있게 만들고, 일종의 시적인 감각을 느끼게 한다. 그중에서도 집은 감정적으로 타인과 깊이 공유할 수 있는 이미지로서의 원형이다. 이 원형은 상징 작용을 하며 은유적으로 나타난다.

왜 원형이 건축에서 중요할까? 건축에는 늘 의미가 뒤따른다. 이때 의미는 객관적인 진실을 가리키는 것이 아니라, 어떤 시대의 사람들이 그 건물에 가져온 의미다. 모든 시대의 문화가 아닌 그 시대의 문화가 주는 의미다. 그런데도 건축에는 마치 조상의 집이 그러하듯이 깊이 관여하게 되는 원상을 가지고 있다.

그렇다면 건축가에게 원형이란 과연 무엇인가? 먼저 원형은 옛것이 아니다. 오랜 시간을 두고 나온 가장 올바른 답이고, 그래서 모든 사람의 심상의 이미지가 되었다. 한 시간만 있다가 사라지는 사물 그리고 하루, 한 달, 1년 있다가 사라지는 사물이 존재한다고 하자. 이 네 가지 사물에 해당하는 답은 모두 다를 것이다. 짧은 시간 세상에 머무는 사물일수록 답이 많고, 긴 시간 머무는 사물일수록 쓸데없는 부분을 거두어 최종적으로 답이 적다.

우리가 설계하는 건물은 어느 시간대에 속하게 될 것인가? 1년? 10년? 아니면 그 이상? 건축에서는 긴 시간 바라보면 선택할 수 있는 올바른 답의 수가 점차 적어진다. 마지막까지 남는 것이 건축과 함께 있을 미래의 원형이 될 텐데, 그러면 과거로부터 계속 남아 있던 그 원형과 일치될 때도 있을 것이다. 이것이 건축이론에서 원형이 중요한 이유다.

건축의 모델

모델

모델model은 본래 본보기가 되는 대상이나 모범이라는 뜻이다. 규범, 표준, 전형 등을 의미하는데, 교통안전 모델 도시, 병원의 모델 플랜, 급식 모델 학교와 같은 조어가 생겼다. 일반적으로 이론이란 현상을 예측하기 위한 것이다. 그런데 물건을 일일이 파는 것보다 물건을 파는 짜임새를 만드는 것이 중요하듯이, 하나하나 잘된 것을 살피기보다 가능한 한 일반적인 형태로 기술할 필요가 있다. 개념 모델은 이론을 이해하기 쉽고 구체적이며 일정한 규칙으로 표현해준다. 추상적이지만 한 개가 열 개로 늘고 한 종류가 100개 종류로 늘도록 구체적으로 응용될 수 있다.

그러나 이것만으로는 모델이 무엇인지 분명하지 않다. 모델은 어떤 사실이나 현상의 특정한 측면만 파악하고 그에 '한해서만' 작용한다. 즉 어떤 사실이나 현상에 한해 임시로 이상적인 것을 만든다. 설계할 때 필요한 수많은 모형을 모델이라 부르는 이유는 실물의 모양에만 관심이 있고, 그 모양에 한해서만 실물과 똑같은 효과를 갖게 만든 것이기 때문이다. 설계자는 그 모델을 보며 무엇을 고치거나 더 만들어야 할지 생각하게 된다. 모델은 본래의 모습을 다른 영역에 비추어 보는 역할과 관계가 깊다. 그래서 모방의 대상이 되고 되풀이된다.[28] 롤 모델role model이란 어떤 사람을 모범으로 삼아서 자신이 어느 정도 성공을 이룰 때까지 그를 모방하고 되풀이한다는 뜻이다.

예전에는 이런 사고를 위한 모델이 오직 하나였으나 오늘날에는 다양한 모델이 나왔다. 특히 현대의 사상에는 모델로 사고하는 것이 많다. 들뢰즈와 가타리의 '리좀Rhizome'은 시작과 끝이 없이 사물과 사건 사이를 융합하는 사고의 모델이다. 리좀은 땅속에서 수평 방향으로 구근과 덩이줄기가 뻗어가는 식물로서, 뿌리와 줄기 등의 구조로 하늘을 향하는 질서를 가진 나무와 대비를 이룬다. 화학자 일리야 프리고진Ilya Prigogine의 열역학은 도시 모델로, 수학자 브누아 망델브로Benoît Mandelbrot의 프랙털fractal은 아름다운 자연의 신비를 해명하는 자기상사형 모델로, 생물학은 자기조직화의 이미지 모델이 되었다. 나무와 정원도 현대건축을 새롭게 생각하는 모델로서 빈번히 논의되고 있다.

시대의 모델

양식을 대표하는 건축은 상세한 부분까지 그 자체가 건축의 모델이다. 그렇다고 그대로 베끼는 것이 아니라 개념화하도록 조작한다. 건축사를 보면 시대에 따라 건축의 전체를 결정해주는 '모델'이 있었다. 18세기 후반 이성주의가 주도한 신고전주의 건축에서는 고대 그리스와 로마가 모델이었다. 건축사에서 양식이라는 용어로 설명하고 있지만, 왜 그것을 당시 건축이 따라야 할 기준점으로 여겼는가 하는 관점에서 바라보면, 그 양식이 그들의 모델이었기 때문이다.

이어서 19세기에 중세를 모델로 고딕 리바이벌Gothic Revival이라는 양식이 생겼고, 19세기 말에는 자연을 모델로 아르누보Art Nouveau 양식이 나왔다. 그리고 20세기 전반에는 이미 아는 대로 기능주의Functionalism라는 이념이 국제양식을 낳았다. 오늘에 이르기까지 많은 개념이 모델로 작용하고 있다.

근대건축은 19세기의 이상과 사회관에 영향을 받아 그들이 만든 모델의 연장선상에 있었다. 19세기에 비평가 존 러스킨John Ruskin은 『건축의 일곱 등불The Seven Lamps of Architecture』과 『베니스의 돌The Stones of Venice』에서 중세 고딕의 조형이 옳다는 걸 증명하려고, 지붕 구조의 기원부터 논증하기 시작했다. 중세는 장인들의 정신이 빛나던 시대였지만, 러스킨이 살던 시대에는 장인 정신을 찾을 수 없었기 때문이다.

한편 건축가 아우구스투스 푸진Augustus Pugin은 고딕건축을 만든 중세가 이상 사회의 산물이라고 보았다. 건축의 이념을 사회에 대한 관념으로 바라보는 것이 근대건축가의 태도이기도 했다. 근대건축의 유토피아적인 사회관은 19세기 중세 중시 사상에서 나온 것이다. 당시 건축양식을 구축했다는 면에서 중세를 이상으로 여기던 고딕 부흥가revivalist와는 달랐다.

근대사회가 시작되던 19세기 도시는 비참하고 커다란 모순을 안고 있었다. 스모그가 심하고 도시 시설도 비위생적이었으며 슬럼가가 즐비했다. 도시가 확장되고 환경이 악화되자, 완결된 작은 스케일에서 지역과 자연을 융합한 이상적인 환경이 중세에 있었다고 여기는 사람들이 늘어났다. 그들은 당시 사회의 모순을 해결하려고 노력하였다.

영국 예술가 윌리엄 모리스William Morris는 중세의 생산과 생활이야말로 산업사회의 모순을 해결한다고 보고, 사회구조 전체를 개혁하기 위해 중세를 모델로 삼았다. 그가 주도한 미술공예운동이 대표적이다. 윌리엄 모리스의 '붉은 집Red House'의 건축적 모델은 중세의 목사관이었다. 왜 새로운 건축이 그 이전 시대 또는 현시대를 모델로 삼는 것일까? 이는 그 모델을 배경으로 사회상에 대한 모순을 비판하기 위함이었다. 비록 거대한 근대주의의 물결을 되돌릴 수는 없었으나, 당시 모리스가 제기한 문제는 여전히 현안으로 남아 있다.

중세주의를 대표하는 인물로 비올레르뒤크를 빼놓을 수 없다. 그는 『프랑스 11-16세기 건축사전Dictionnaire Raisonné de l'Architecture Française du XIᵉ au XVIᵉ Siècle』을 펴냈으며, 1863년에는 『건축강의Entretiens sur l'Architecture』를 출간했다. 그는 이 저작을 통하여 고딕 건축의 합리주의 정신과 구조적인 합리성을 해석했다. 이는 당시 고딕을 민족적인 자아의 발현으로 보던 견해를 크게 바꾸었다. 그렇지만 이 역시 고전주의에서 중세로만 바뀌었을 뿐 이론적으로는 원리와 실증성을 강조한 것이었다. 그는 고딕건축이 모두 구조적인 의미를 가진 부분으로 이루어진 건축이라고 말했다. 이러한 해석은, 기능을 담당하는 부분으로 분해하고 집합한 것이 건축이라는 근대건축 사상에 영향을 미쳤다.

중세의 모델은 건축과 양식에만 머물지 않았다. 본래 농본주의農本主義, physiocracy적인 중세 시대를 모델로 한 생활환경은 도시계획가 에버니저 하워드Ebenezer Howard의 전원도시 사상을 낳게 했다. 그렇다고 해서 중세주의가 모든 생활에 적용된 것은 아니었다. 산업사회에서 생활하는 인간의 사적인 부분만을 중세주의의 이상으로 담으려고 한 것이 전원 교외 주택지였다. 중세주의는 사적인 영역을 중시하고 가정만의 단란함이 유일한 목적인 마이홈my-home 주의로 근대사회의 배경이 되었다.

근대건축이 '기계 모델'이라고는 하나 모든 기계가 건축의 모델이 되지는 않았다. 20세기의 상징인 기계는 미래파가 수평 이동 장치로 철도 교통을, 수직 이동 장치로 엘리베이터를 전제하였듯이, 기계의 자동성 때문에 모델이 되었다. 르 코르뷔지에의 "주택은 살기 위한 기계"도 모든 기계를 말한 것이 아니었으며, 그가 주택을 설계할 때 이상으로 삼고 모델로 여긴 것은 '배' 특히 호화 여객선이었다. 그러나 그가 여객선을 모델로 삼은 이유는 기계의 자동성이 아니라, 많은 사람을 싣고 있는 모습이 공동체를 연상케 했고, 물 위에 떠서 몇 달이고 이동하는 자기 충족적 능력 때문이었다. 그리고 기계의 기하학적 성질과 이성적 세련이라는 측면에서 해석한 특정한 성질, 기능성과 실용성 때문이었다.

20세기 건축이론은 언어학을 모델로 하였다. 스위스 언어학자 페르디낭 드 소쉬르Ferdinand de Saussure가 『일반언어학 강의Cours de Linguistique Générale』를 펴낸 것이 1916년이었으나, 근대건축 최초의 건축언어 모델인 돔이노 시스템을 르 코르뷔지에가 제안한 것은 1914년이었다. 물론 이것이 직접 연결된다는 증거는 없다. 다만 20세기 초 언어학과 건축의 동시대적인 연관성을 충분히 추측할 수 있다. 20세기 후반에는 언어학을 모델로 한 구조주의와 포스트구조주의의 중요한 방법 중 하나인 '조작operation'을 들어 건축유형학이나 커뮤니케이션을 논의한 역사가 있다.

건축가의 모델

그러나 이보다 작은 범위에서도 모델은 성립된다. 건축에서 부분과 전체의 배열을 새로운 방식으로 보여준 최초의 건축가나 작품

도 모델이 된다. 르 코르뷔지에는 근대건축 양식근대건축을 일으킨 이들
은 양식을 거부했지만을 대표하는 건축가이므로 그 자체가 건축의 모델
이 된다. 또 그의 돔이노Domino 시스템도 모델이 된다.

　　특히 20세기 건축 양식을 요약한 '근대건축의 다섯 가지 요
점'에서 필로티, 역학적으로 자유로운 벽, 수평으로 긴 창, 옥상정
원은 부분적인 특징을 나타낸다. 그런데 나머지 하나 '자유 평면'
은 부분 또는 요소의 배열에 대해 특수하게 규정하고 있다. 코르
뷔지에는 자신이 직접 모델을 만들고 그것을 자기 작품으로 변형
하거나 해체하는 과정을 밟은 건축가다.

　　루트비히 미스 반 데어 로에Ludwig Mies van der Rohe의 건축은
점차 모델로 집약해가는 과정을 거쳤다. 평면의 한가운데에는 샤
프트shaft가 코어를 형성하고, 유리 커튼월과 유니버설 스페이스
에 투명한 유리의 피막으로 영역을 만들어내는 방식으로 공간을
무한히 확장한다. 이런 평면에서는 가구와 칸막이가 유연하게 배
열된다. 모든 부분이 전체로 수렴해서 어느 하나를 따로 떼어 말
할 수 없다. 이러한 모델은 건축가의 이름을 따 '미스Mies 모델'이
라 부르기도 한다. 완결된 모델이 된 미스의 건축은 복제하는 것
외에 방법이 없었으므로 많은 이가 복제하였다.

　　1990년대 렘 콜하스의 달라바 주택Villa dall'Ava이나 보르도
주택Maison à Bordeaux•에서는 코르뷔지에의 형태와 배열을 읽을 수
있다. 달라바 주택은 일부 기울어진 철제 필로티로 지지되는데,
두 주택 모두 미스의 기단 위에 르 코르뷔지에의 볼륨을 얹었다.
이처럼 두 주택은 마치 20세기 건축의 아카이브로 가득 채우듯
코르뷔지에와 미스라는 두 개의 이상적인 모델을 대등하게 접합
하여 혼합했다. 단 하나의 이상적인 모델에 집약되던 근대건축과
는 전혀 다른 모습이다. 그런 이유에서 렘 콜하스의 건축은 초현
실주의Surrealism적이라고 평가된다.

　　모델을 조작하고 변형하는 오늘날에는 보편적인 모델을 부
정하고, 그 대신 근대건축에서 개성이 뚜렷한 모델이라든지, 지역
이나 장소의 아이덴티티를 가져야 한다는 주장이 많이 나오고 있

다. 이 때문에 자연발생적인 건축으로 마을이나 주민 참여로 이루어진 느슨한 집합체를 선호한다든지, 균질한 질서를 배제하고 이질적이고 혼성적인 질서를 실현하려 할수록 모델의 사고를 중요하게 여기고 있다.

건축물과 그 집합이 언어처럼 명확하게 분절되지 않은 마을을 건축 모델로 참고하거나, 대도시 사람들의 활동하는 공간과 현대적인 생활 경험을 모델로 삼기도 한다. 특히 렘 콜하스의 모델은 자본주의의 욕망이 만들어낸 '맨해튼'이다. 그런데 과거 르네상스 시대처럼 확정된 세계상을 모델로 삼은 것과는 달리, 이렇게 마을이나 대도시를 건축의 모델로 삼는 것은 기존에 형성되지 않는 어떤 면을 도입하기 위함이다. 앞으로 다가올 시대에는 진보를 위한 모델이 아니라 미래의 사건을 예견하는 모델이 필요하다.

설계의 원형과 모델

건축설계에서 기원이나 원형, 모델까지 복잡하게 생각할 필요가 있을지 반문할지도 모르겠다. 다음은 일본 건축가 이토 도요가 세운 사무소 안의 건축학교에서 젊은 건축가에게 들려주던 내용이다. 차례로 짚어보겠다.

"이상한 공간을 만났다. 숲속에 있는 것 같지만 동굴 속이기도 한 것 같고, 자연에 감싸인 것처럼 느껴지지만, 어딘가 추상적이다. 내부인지 외부인지 모호하고 계속 이어지는 것 같다." 이는 건축가가 지금 설계하고 있는 건물 안에 어떤 아이가 들어왔을 때 '이런 느낌을 주고 싶다' 하는 바람을 나타낸다. 어떤 아이란 그 건물에 드나들 이름 모를 사람들을 대신한다. 이는 설계 과제를 수행하기에 앞서 건축가가 전체적인 '개념'을 가져야 한다는 뜻이다. 이때 숲과 동굴이라는 원형이 설계 개념에 작용한다. '숲속의 조상'과 '동굴 속의 조상'이 건축가와 아이의 조상이기 때문이다.

설계는 건축가와 아이의 마음 깊은 곳에 있는, 본래의 공간

이미지인 원형을 공유할 것이라고 '가정'함으로써 시작된다. 그러나 이것은 "- 있는 것 같고, - 이기도 한" 것이다. 원형 그대로 나타나는 것이 아니라 건축가가 설계하는 건축물로 다시 나타나므로 "- 있는 것 같은" 것, 곧 유추다. "어딘가 추상적"이란 건축이 바닥, 벽, 지붕 등으로 이루어지는 형식의 산물이라는 뜻이다.

"자연 안에는 즐거운 장소가 많이 있다. '저 그늘에서 책을 읽고 싶다.' '이 위에서 낮잠을 자야지.' 신체에 호소하는 그런 장소가 있다. …… 많은 구멍으로 이어진 동굴이 있다. 어떤 방향에서는 빛이 들어오지만 어떤 방향에서는 아주 어둡다. 둘러싸여 있는 듯하지만 여러 방향으로 이어진다. 어디부터가 외부이고 어디까지가 내부일까?"

아무리 숲속에 있는 것 같기도 하고 동굴 속에 있는 것 같다고 해도 그 공간의 느낌이 그렇다는 것이지, 실제로 숲이나 동굴에 있다는 것은 아니다. 사람들이 그곳을 돌아다닐 때 어디가 내부이고 외부인지 구분이 어려울 정도로 자연친화적인 공간을 만들고 싶다는 뜻이다. '자연 안에는 즐거운 장소가 많이 있기' 때문인데, 이는 자연이 기원이라는 생각에서 나온 것이다.

"옛날 사람은 자신에게 맞는 장소를 찾아서 숲속을 걸어 다녔다. 그리고 마음에 드는 장소에서 자라는 나무에 가지를 걸어놓고 둥지를 만들었다. 이것이 인간이 만든 최초의 건축이다. 아무것도 없는 곳에 갑자기 건물을 세운 것이 아니라, 숲이 만들어낸 장소를 알아차리고, 잘 이용해서 자기 공간을 만든 것이다." 이는 마르크앙투안 로지에의 '원시적 오두막집'과 동일한 견해다. 이 설계의 모델은 '원시적 오두막집'이다.

"땅에는 제각기 장소의 힘이 있다. 선택된 장소에 집이 늘어서면 그 땅만의 풍경이 생긴다. 이런 풍경도 역시 특정한 생활 방식을 만들고 활동의 폭을 넓혀 간다. 사람이 살게 됨으로써 자연이 갖는 다양성은 더 복잡해지고 그곳의 장소성이 떠오른다." 자연은 사람에게 자기가 살 집 한 곳만을 주지 않는다. 다른 사람들과 함께 살 때 땅의 풍경도 바뀌고 고유한 생활 문화도 생기는 법이다. 고트프리트 젬퍼가 구조의 원형에 불이 있어야 한다고 한 것은 함께 사는 공동체에 관한 부분이었다. 이런 감각이 주위로 퍼지면 풍경이 생기고 장소성이 생긴다.

"자, 우리의 도시에 선 건물은 어떨까? 대부분이 수평의 바닥과 정해진 간격으로 늘어선 기둥, 통유리창이나 칸막이벽 등으로 구성되어 있다. 이것이 격자 체계다. 이 기하학만으로 성립하는 공업적인 구조는 진보된 기술을 만나 20세기에 전 세계로 퍼졌다. 예쁘게 완성되었지만 어디를 가도 똑같이 메마른 공간만이 되풀이되고 있다." 이는 새로운 건축을 모델로 삼은 우리를 비판하는 내용이다. 기원이나 모델은 '지금'을 묻기 위한 개념이다.

마지막으로 한 문장 더 있다. "자연의 재미를 가득 담은 것과 같은, 더 자유로운 건물이 가능하지 않을까? 이를테면 적층된 동굴과 같은 집합주거, 어디에서 무엇을 할까 하고 신체에 호소하는 건물이다."[29] 이 글을 쓴 사람이 과연 모델이나 기원을 의식하며 쓴 것인지는 알 수 없다. 그러나 자연을 원형으로 삼아 편안하게 풀어낸 이 글은, 사람을 위한 더 좋은 건축, 더 좋은 주거 방식을 찾아내고자 하는 마음이 읽힌다. 또한 그런 건축이 이제 곧 다가올 테니 우리도 준비해야 하지 않겠는가 하는 뜻이 담겨 있다.

2장

건축과 말

건축설계에서는 아직 존재하지 않는 공간을
공간을 말하는 언어로서 표현한다.
건축은 시작부터 말에 구속되어 있다.

말과 상상력

말로 구축하는 건축
개념은 말이다

말이란 한번 내보내면 이내 사라진다. 그러나 건축은 계속 머문다. 그런데 이 땅에 집을 짓는 건축은 '말'을 한다. 이집트 신전의 거대한 벽면에는 그들의 종교와 역사가 기록되어 있다. 탑문의 부조에는 파라오가 신들 앞에서 적을 무찌르는 장면이 그려져있고, 신전 내부의 벽면에는 신들이 파라오에게 성수를 뿌리는 장면도 그려져있다. 우리는 이것을 하나의 장식으로 여기지만, 그들에게 건축은 말이자 글이었다.

고딕 대성당을 두고 '돌로 만든 성서'라고 한다. 이는 그저 하나의 수사修辭로 들을 일이 아니다. 대성당이 하느님의 말씀이라는 표현은 곧 건축이 말이라는 의미다. 고딕 대성당에 갈 때마다 지나치게 큰 공간과 제대와 회중석 사이에 끼어 있는 성가대석을 보면서 당시 미사를 드리던 신자들이 과연 주례 사제의 얼굴을 제대로 볼 수나 있었을까 하는 생각이 든다. 게다가 중세에는 라틴어로 미사를 집전했고, 돌로 지어진 대성당 내부는 소리 반사가 심해서 사제의 강론을 전혀 알아듣지 못했을 테다. 그런데도 그들은 미사에 감격했고 뜨거운 신앙심을 가질 수 있었다. 추측이지만 대성당 자체가 침묵의 언어였기에 가능하지 않았을까. 대성당이 사제가 하는 말과 교회의 가르침을 대신한 것이다.

지리학자 이푸 투안Yi-Fu Tuan은 이렇게 말했다. "위대한 도시는 돌만이 아니라 말로 구축된 것으로도 볼 수 있다.A great city may be seen as the construction of words as well as stone." 이때 말words이란 무엇인가? 또 인류학자 앙드레 르루아구랑은 "거주 공간을 만드는 것은 단지 편의를 위한 기술이 아니라, 언어 활동과 동격인 인간의 전체적인 행동을 표현하는 표상이다. 알려져 있는 어떤 인간의 집단에서도, 주거는 세 가지 필요에 대립하고 있다. 기술로 유용한 환경을 만드는 것, 사회체제의 하나인 틀을 확립하는 것, 그리고 주위 우주에 질서를 부여하는 것이다."[30] 이때 "거주 공간은 언어 활동과 동격인 표상이다."라는 말은 무엇일까? 지리학자와 인류학자는 건축가가 아니라서 이렇게 말했을까?

그런데도 건축가는 오히려 말을 무시하기를 좋아한다. 미스 반 데어 로에는 어떤가? 건축은 말하는 것이 아니니 "말하지 말고 지어라. Don't talk! Build."라고 했다. 그러나 그는 근대건축의 원형을 창안하고 지었다. 그의 건축은 사실 탁월한 이론 덩어리이며 아무 생각 없이 지은 것이 아니다. 마찬가지로 르 코르뷔지에는 이렇게 말했다. "나는 말하기보다 그리기를 더 좋아한다. 그리는 것이 더 빠르고 거짓말할 여지를 덜 남긴다. I prefer drawing to talking. Drawing is faster, and leaves less room for lies." 위작 화가로 알려진 에릭 헵본Eric Hebborn의 말과도 같다. "어떤 그림도 거짓말할 수 없다. 전문가의 의견만이 속일 수 있다. No drawing can lie of itself, it is only the opinion of the expert which can deceive."

그럼에도 건축가는 말한다. 코르뷔지에는 건축이 빛 아래에서 일어나는 정확하고 교묘하며 장대한 연출이라고 했다. 빛과 그림자 아래서 건축의 순수한 입체가 지각된다는 뜻이다. 그런데 그가 말하고자 한 건 이것이 다일까? 그는 왜 정확하다, 교묘하다, 장대하다고 말했을까? 그저 해본 생각인가? 그렇지 않다면 그의 건축이 말을 따르고 있는가? 그는 왜 그토록 많은 책을 쓰고 말하고 그렸는가? 실은 그렇지 않은데 스스로 포장하기 위해 만든 그의 건축적 잉여물인가? "돌과 나무와 콘크리트를 써서 집을 짓고 궁전을 짓는다. 이는 건설이며, 정교한 재능이 작용할 뿐이다. 그러나 이것이 나의 마음을 사로잡고 좋은 것을 가져다 줄 때, 비로소 행복을 느끼며 이렇게 말하리라. '이것이 아름다움이고, 건축이며, 그 속에 예술이 있다'고." 유명한 말이지만 건축은 그림이 아니므로 어디까지가 참일지 의문이 생긴다.

그렇다면 빛의 중요성을 기후 풍토와 관련 지은 스페인 건축가 안토니 가우디Antoni Gaudi의 말은 어떻게 생각하는가? "카탈루냐는 중간점에 있다. '지중해'는 땅 한가운데 있음을 의미한다. 그 해안가에는 중용의 빛이 45도로 닿는다. 물체를 가장 잘 비추고 그 형태를 더욱 잘 보이게 하는 것이다. 지중해는 너무 세지도 약하지도 않기 때문에 예술적으로도 위대한 문화가 꽃피었다. …… 우리들의 조형력은 감정과 논리의 균형이다.” 위도 45도의 땅 한가운데 있으므로, 카탈루냐야말로 빛을 가장 민감하게 잘 사용해야 하는 지역이라는 것이다. 이런 점에서 르 코르뷔지에의 생각과는 다르다. 코르뷔지에는 건축에 해당하는 빛을 말했지만, 가우디는 자기 지역과 문화와 관련된 빛을 말했다. 이 말은 그저 지나가면서 던진 말인가? ‘말하지 말고 지으라’고 했던 미스 반 데어 로에의 조언대로라면, 가우디는 말하지 말아야 하는가?

렘 콜하스는 코르뷔지에처럼 창작을 위한 명쾌한 조형 방법론을 말하고 있지는 않다. 그러나 그는 건축가임에도 사회학자와 같은 분석과 이를 근거로 자극적인 이론을 발표했다. 그리고 프로그램론을 다루며 건축가의 자유롭지 못한 부분을 말과 글로 지적해왔다. 왜 그래야만 했을까? 건축가는 스스로 클라이언트가 아니기 때문이다. 에릭 헵본의 말을 되짚어 보자면 렘 콜하스의 분석과 의견은 전문가만이 할 수 있는 속임수일 가능성이 많다는 의미가 된다. 과연 이렇게 쉽게 단정할 수 있을까?

건축과 말은 건축학자나 건축가에게만 있지 않다. 건축을 하지 않지만 관심이 많은 이들도 전문가에게 배워 이렇게 말한다. “어떤 건물을 세우는가 하는 것만이 아니라, 무릇 어떤 장소에 건물을 세우는가가 중요하다.” 이때 “어떤 건물을 세우는가”라는 질문은 건물이라는 대상물을 물리적으로 세운다는 뜻이 강하고, “어떤 장소에 건물을 세우는가가 중요하다”는 말은 건물이 그 주변과 어떻게 합치되는지가 더 중요하다는 뜻이다. 이 단순한 문장에 건물은 대상물로 세워지기보다 관계로 세워져야 한다는 생각이 담겨 있다. 이 정도 의견은 건축가에게 그다지 새롭지 않은 생각이다. 그러나 전문가가 아니더라도 더 좋다고 여기는 건축의 가치를 말로 나타내며 건물을 머릿속으로 기릴 수 있다. 이들은 누구를 속이려고 이런 말을 하는 것이 아니다. 생각은 가치를 담고 있고, 가치는 말을 통해 물질로 전달되며, 물질은 사물로 구체화된다. 건축에 대하여 말한다고 그 안에 담겨 있던 가치가 사라지는 것이 아니다. 오히려 말이 가치를 발견한다.

"기와지붕 건물에서 비는 건물이라는 존재의 일부가 된다. 이 비를 기와 한 장 한 장이 받아넘기고 있다."라고 말할 때 어떠한가? 기와가 비를 막기 위해 지붕을 덮고 있다고 느끼는가? 기와 한 장 한 장이 받아넘기고 있으니 비를 건물의 일부라고 바라볼 때, 건축은 물리적으로나 현상적으로 한층 가까운 존재가 된다. 철학자 존 듀이John Dewey는 "예술은 표현이며 따라서 하나의 언어다."라고 했다. 지붕은 비를 표현하고 있으며 따라서 지붕과 비는 하나의 언어다. 기존 지붕과 비의 관계를 넘어설 때, 예술이 될 수 있을 것이다.

우리는 건축을 하면서 늘 자연을 인식하지만 이렇게 가까이에서 자연을 인식하는 것이 훨씬 더 건축적이다. 기와 한 장, 지붕의 기울기 모두가 자연에 참여한다는 것을 새롭게 느끼고, 어떻게 하면 더 좋은 설계를 할 수 있을까 하는 목표가 생긴다. 이것이 건축의 개념이고, 건축의 이론이다. 그리고 개념과 이론은 말에서 생성된다.

경험의 전달과 공유

건축물은 움직이지 않아서 직접 찾아가지 않으면 안 된다. 그래서 건축의 경험은 말로 운반된다. 더욱이 그 경험을 깊이 있게 공유하려면 가능한 한 적확한 말로 전달해야 한다. 그런데 아주 오래전부터 전개된 건축의 경험은 어떤 건물을 보고 느낀 바를 말하는 것보다 어렵다. 건축은 장소와 시간을 넘어 말로 묘사되고 설명되고 전달된다. 말로 전달한다는 것은 어느 건물을 견학하고 그 감상만을 전하는 것이 아니다. 건축가라면 건축주 또는 지어진 건물에 영향을 받는 이들에게 새로운 건축과 그것에 대한 생각을 묘사하고 설명할 수 있어야 한다.

건축가는 매체에 작품을 게재할 때, 그 작품이 논리적인 사고에서 나왔음을 보여주기 위한 설명도 서술한다. 왜일까? 말을 바탕으로 논리화하여 다른 사람들과 공유하기 위해서다. 설계 개요는 적어도 시나 산문이 아닌 이상 정확하게 전달하려고 애써야 한다. 처음부터 없었거나 부족했던 의도를 그럴싸하게 적고, 그것이 마치 자신의 건축사상인 듯이 말한다면, 자기표현은 될지언정 정당성을 증명할 수는 없을 것이다.

그러면 우리는 무엇을 전달할 수 있을까? 아직 세워지지 않은 건축에 대해, 우리가 살고 있는 실존의 공간에 대해 그 깊이를 말하기 어려운 것도 전달하려는 노력이 필요해진다. 그 노력이 바로 건축이론이다. 사람에게 줄 수 있는 진정한 가치를 전하는 건축만의 '말'이 중요하다. 르 코르뷔지에가 "기하학은 인간의 언어다."라고 했듯이, 이때의 '말'은 소리로 하는 말이나 글로 쓰인 말만이 아니다. 도면, 모델, 사진, 다이어그램 등도 건축을 표현하는 또 다른 '말'이다.

나만 알면 된다거나 작품이 모든 것을 말해준다고 하는 것은 스스로를 닫는 행위다. 특히 건축설계를 하는 건축가는 언어 사용에 신중해야 한다. 심지어 '설계'라는 말도 건축 분야에서만 사용하는 말이 아니다. 설계는 건축물을 공사하거나 기계를 제조할 때 대상물의 구조, 재료, 제작법 등을 계획하고 이를 도면으로 그리는 작업이다. 따라서 건축설계와 기계설계는 다르다. 설계를 '디자인'이라고 할 때도 의복, 인쇄물, 공업 제품, 건축, 도시 등 대상에 따라 디자인에 대한 이해가 다르다.

건축 전문가 사이에서도 설계나 디자인을 설명하는 방식이 다르고, '건축'이라는 말의 의미도 다르다. 사정이 이러한데 말과 개념이 필요 없고 이론도 쓸데없다고 하면, 다른 분야와 어떻게 의견을 나누며 영역을 넓혀갈 수 있을까? 스스로 사용하는 용어와 개념, 이론, 체계가 어느 정도 확립되지 않았다면, 그것은 전문가 집단도 아니고 전문 교육도 아니다.

건축을 생산이라고 본다면 물리적인 실체를 짓는 행위만이 생산은 아니다. 최종적으로 건물을 만들어내기 위한 무수한 '말'

이 없다면 어떻게 건축물이 생산될 수 있겠는가. 도면을 그리고 벽돌을 쌓으며 콘크리트를 치는 것만이 짓고 만드는 행위라고 여기는 것은, 건축이 건축가와 건설자의 노력으로 다 이루어진다고 여기는 것이다. 그렇다면 건축을 말하는 다른 사람들, 즉 사용자와 관찰자, 비평가 등의 의견과 바람과 공감은 의미를 잃게 되고, 건축을 좁게 만드는 주요 원인이 된다.

건축적 공감대를 형성하는 과정과 결과를 추상적으로 표현하여 '건축 담론'이라고 한다. 건축 담론은 전용석에 앉은 건축가들끼리만 주고받는 전문적인 말의 체계 또는 말의 잔치 같은 것이 아니다. 건축의 생산은 엄연히 건축주에게서 시작하고, 건축가를 거쳐 다시 건설자에게 넘겨진다. 또 건물이 다 지어진 뒤에도 그가 전문가든 대중이든 사소한 의견부터 본질적인 의견까지 얼마든지 제시할 수 있다. 건축의 담론이란 모두를 포함한 것이다.[31] 건축의 생산자는 건축가만이 아니고 건축 담론도 건축가만의 전유물이 아니다. 도면을 그리지 않는 사람과 물체로 구축하지 않는 이들은 말과 담론으로 건축을 짓는다.

말로 구속하는 건축

우리가 사는 세상은 언어의 세계다. 잘 생각해보라. 우리는 언어의 구속을 받으며 산다. 우리의 존재도 인식도 모두 언어를 통해서 이루어지며, 생각도 행동도 언어로 규정되어 있다. 또 우리는 공간을 벗어날 수 없다. 지금 살고 있는 이 일상의 공간에 몸이 들어와 있다. 내가 공간을 생각하고 만들어서 체험한다고 해도 내가 있는 이곳을 통해서만 가능한 일이다. 어떤 사람도 언어 밖으로 나갈 수 없으며, 신체로부터 벗어날 수도 없다. 언어는 신체와 같고 신체는 언어와 같다. 신체가 머무는 건축도 언어와 공간을 벗어날 수 없다.

주택으로 건축이 이루어지는 과정을 생각해보자. 건축가는 건축주가 '말'을 걸지 않는 한 건축을 할 수 없다. 건축주가 찾아와 아직 있지도 않은 자기 집의 모습을 머릿속에 그리며 설명한다.

이때 집을 지어야 할 땅의 도면을 가져올 수도 있고, 자신이 원하는 바를 말로 표현하며, 그 생각이 잘 나타나는 그림이나 사진으로 말할 수도 있다. 집을 설계하는 것은 건축가 혼자서 하는 일이 아니기 때문에 존재하지 않는 집을 두고 두 사람은 이미지를 교환한다. 이때의 이미지가 바로 언어다.

언어에는 관습적 코드도 있다. 주택을 구상하기 시작하는 단계에도 마찬가지다. 이미 사는 방식에 대한 가치관이나 몸에 밴 생활방식을 비롯해 거실, 침실, 부엌으로 이루어질 수밖에 없는 주택이라는 건물 유형이 그러하다. '한국 사람의 집'이라는 언어가 새로 지어질 주택을 구속한다.

건축가는 건축주의 말, 이미지를 공간으로 표현하여 의견을 묻는다. 그리고 공간의 이미지를 도면으로 바꾸어 표현한다. 머릿속에 있는 생각을 전달하려면 단어와 문장으로 표현하듯이 주택의 구상을 전달하려면 분절된 방과 그것의 결합으로 나타내야 한다. 설사 구상이 아직 머리에서 희미하게 자리 잡고 있을지언정 초기 단계에서 건축주에게 보여주는 도면은 방을 단위로 이미지를 분절하여 나타낸다. 방도 따로 떨어진 채로 말하지 않는다. 이 단계에서도 방은 방의 관계로 나타낸다.

건축설계 과정에서는 아직 있지도 않은 공간에 대해, 공간을 말하는 언어로 표현한다. 건축은 시작부터 말에 구속되어 있다. 건축주와 건축가도 의견을 교환하지만 확정되지 않은 도면을 두고 서로 생각하는 것은 거품과 같이 약한 경계면을 가진 말의 연결에 머물러 있다. 책이 만들어지기 전에 종이에 생각을 옮겨 적듯 설계도 말로 짓는다. 건축주가 아니라 함께 설계하는 동료에게도 이런 사정은 마찬가지다. 생각이 거품과 같다는 것은 '가능성이 많다'는 뜻이다.

그러나 이 거품 같은 방울은 조금씩 굳어간다. 거친 스케치는 정리된 선으로 구획되고 다양한 형식 안에서 변형되어 간다. 구상으로 시작해 계획하는 과정에서 개입하는 사고의 형식, 방의 크기와 깊이, 사람들의 동작, 재료와 구조의 형식, 법적 규제의 형식, 자동차의 크기와 회전 반경으로 정해지는 형식 등 무수한 형식이 또 다른 언어로 분절되며 개입한다. 그러는 사이에 건축가와 건축주의 생각도 서서히 구체화된다. 생각이 구체화되었다는 것은 그만큼 언어로 구속되어 가능성을 좁혀 간다는 뜻이다. 다만 지나치게 형식에 사로잡히는 것이 문제다. 형식은 밖으로 나가보라고 있는 것이다.

말의 구속을 받는다고 해서 이를 부정적으로 받아들일 이유는 없다. 사람은 말에 구속되어 아름다운 시를 짓거나 세상을 노래하고, 자신의 감정을 분출하며 춤도 춘다. 사람이 사는 공간과 장소도 이래야 한다고 정해진 것은 없다. 말로 구속된 건축은 가장 좋은 답이 없을지언정 더 좋은 답을 찾아갈 수 있는 언어다.

이항 대립 사이의 건축
다른 무엇

건축을 '공간空間'이라 하더니 오늘날에는 '공기空氣'라 생각하는 건축가가 많아졌다. 공간에도 공기는 가득 차 있는데 왜 굳이 공기라는 개념을 다룰까? 공간이 달라졌다고 하면 크기, 높이, 이웃하는 다른 공간의 간섭 등이 물리적으로 달라졌다는 뜻이지만, 공기가 달라졌다고 하면 내 신체에 훨씬 가깝게 와 있는 기분이 든다. 피부로 느끼는 친밀감이나 변화에 예민하게 반응한다는 뜻이 강하다. 그러나 이런 논의는 한쪽은 공간, 다른 한쪽은 공기를 두고 공간에 대하여 공기를, 공기에 대하여 공간의 차이를 말한 것이다.

건축 사고는 A에 대하여 B를 말할 때 새로워진다. '공간'에 대하여 '공기'를 말할 때, 피터 콜린스가 쓴 유명한 책 『근대건축의 이념과 변화Changing Ideals in Modern Architecture』 중 「미식학적인 유추The Gastronomic Analogy」라는 장의 첫머리를 떠올리게 된다. 건축 사가 제임스 퍼거슨James Fergusson은 〈건축설계의 원리The Principle of Design in Architecture〉라는 강연에서 오두막집이 사원으로, 집회소가 성당으로 이미지가 정제되는 과정이 삶은 양고기가 제국식 커틀 릿으로, 석쇠에 구운 새고기가 마렝고marengo식 닭고기찜으로 정제되는 과정과 같다고 설명했다.

19세기 후반에는 '취미와 미각taste'이 대세를 이루고 있었는데, 이때 건축의 취미 이론이 나왔다. "만일 여러분이 건축설계에 대해 진실한 원리를 얻고자 한다면 비트루비우스에서 푸진까지의 건축 저술가들을 연구하기보다 빅토리아 시대의 최고 셰프인 알렉시스 소이어Alexis Soyer나 글라스Glass 부인의 요리 작품을 연구하는 것이 훨씬 나을 것이다."[32] 오두막집과 집회소가 공간이라면, 퍼거슨이 말한 요리는 공기에 해당한다.

바로크의 거장 구아리노 구아리니Guarino Guarini가 설계한 산 로렌초 교회Royal church of San Lorenzo의 돔•은 펜덴티브pendentive 위에 있는 드럼의 여덟 개 리브rib가 중앙에서 정팔각형이 되도록 교차하며 지나간다. 이 팔각형 위에는 마치 하늘에 떠 있는 것처럼 보이는 랜턴이 놓여 있다. 건축의 각 요소가 하나로 통일되어 극적인 효과를 보여주는 이 방식은 건축과 조경과 도시가 하나로 통합된 베르사유 궁전Château de Versailles과 기본적으로는 똑같다. 원이나 정사각형의 단순 기하학으로 정적인 건축물을 만든 르네상스 양식과 비교하면 바로크 건축은 동적인 양식이지만 절대왕정이라는 점에서 보면 르네상스보다 훨씬 위계적이다.

바로크 건축을 대표하는 베르사유 궁전•은 고전 고대classical antiquity에 절대적 가치를 둔 근세와 그것을 상대화한 근대가 만나는 건축이다. 태양왕 루이 14세의 거실을 향해서 모든 선이 집중하고 있다. 선이 집중한다는 것은 공간의 질서가 집중한다는 것과 같은 말이다. 더구나 광활한 정원과 도시도 건축과 똑같은 기하학적 패턴을 따르고 있다. 정원의 재료가 다르고 도시의 재료가 다른데도 똑같은 형식언어을 취하고 있다. 이렇듯 베르사유 궁전은 하나의 중심을 향해 모든 것을 복종하게 만들었다. 바로크는 형태와 공간을 자유로이 변형한 양식으로 알려져 있지만 사실은 강력한 국가의 양식이었다. 바로크는 구성의 측면에서 르네상스의 고전주의에 있었던 위계를 그대로 유지하면서도 다른 한편으로는 아주 극적인 장치로 건축을 만들고자 했다.

원과 둥근 것의 차이

원과 둥근 것은 형상의 차이만이 아니라 언어의 차이도 있다. '원'은 고정되어 있고 이념적이지만, '둥근 것'은 모호하며 유동적이다. '원'에 해당하는 것이 고전이라면, '둥근 것'에 해당하는 것이 고딕이다. 그런가 하면 르네상스가 '원'이라면 바로크는 '둥근 것'이다. 이는 에크리튀르écriture, 문자언어와 파롤parole, 음성언어의 차이와 같은데, 에크리튀르는 '원'이고 파롤은 '둥근 것'이다.

근대건축에서는 '나무'를 말하고, 오늘의 건축에서는 '숲'을 말한다. 건축가 크리스토퍼 알렉산더Christopher Alexander는 명확한 위계를 가진 조직을 '나무', 요소의 집합이 서로 겹친 복잡하고 다양한 구조를 '세미래티스semilattice'로 구분한 바 있다. 이는 각각 고전이나 근대건축과 근대 이후 건축의 모델을 나타낸다. 오늘날 다른 문맥에서 논의되는 '나무'와 '숲'은 '알렉산더의 나무'와 '세미래티스'의 구분과 크게 다르지 않다.

'나무'와 '숲'은 각각 정주와 유목의 구분과도 같다. 들뢰즈와 가타리는 이를 '홈 파인 공간espace strié'과 '매끈한 공간espace lisse'으로 구별했다. '홈 파인 공간'에서도 다시 '숲-개간지'와 '농업-격자 모양'을 구분한다. 이들 식으로 말하자면 '농업-격자 모양'이 '나무'이고, '숲-개간지'가 '세미래티스'다. 정주민은 원시적 오두막집이나 돔의 집을 짓지만, 유목민은 텐트를 짓는다. 정주민이 건설하는 도시는 에크리튀르이고 기하학이며, 홈 파인 공간이자 국가 장치다. 건축을 엄밀한 의미에서 정주민에게 속하는 에크리튀르라고 말하는 것은 이 때문이다. 앞서 '공간'에 대해 '공기'를 말한 것은 사실 '원'에 대하여 '둥근 것' '나무'에 대해 '세미래티스' '나무'에 대해 '숲' '정주'에 대해 '유목'을 말하는 것과 같은 표현이다. 이처럼 말과 건축의 기본 도식은 언제나 이항대립二項對立이다.

그러면 정주민의 도시 주거가 유목민의 이동 주거와 다른 점은 무엇일까? 바로 계획과 설계다. 정주는 머물러 사는 것이고 유목은 계속 이동하며 사는 것이라고만 이해하면 건축가는 그다지 얻을 것이 없다. 정주란 가족의 삶인 오이코스oikos를 계속 지속하게 만드는 것이고, 유목의 이동 주거 군群을 도시와 국가로 만드는 것이다. 유목이 정주가 되려면 '계획언어'이라는 추상적 작업을 거쳐야 가능하다.

그러나 정주와 유목은 아예 관계없는 것이 아니다. 로마제국 시대에는 정벌을 위해 캠프를 쳤다. 그들은 이동 병영지에도 카르도cardo와 데쿠마누스decumanus라는 직교하는 열주 가로로 '밭 전田' 자 모양의 평면*을 '계획'하여 만들었다. 이를 보면 도시 또는 국가에서도 유목의 성질은 함께 존재한다. 그리고 노마드nomad라고 하여 계속 이리저리 움직이며 사는 것은 아니다. 건축을 공간이 아니라 공기로 생각하고 싶다는 건축가도 결국은 공간의 형식 안에서의 공기이지, 공기 자체만을 나타낸다면 그것은 이미 건축이 아니다. 공기라는 노마드적인 성격도 결국은 공간의 '형식언어' 안에서 결합된다.

그러면 계획과 설계의 요점은 무엇인가? 건축가가 아무리 '공간'이 아니라 '공기'라고 해도 계획과 설계란 조직의 과정이고 쓰기이며 '둥근 것'을 '원'으로 바꾸는 과정이다. 그것은 건축가가 그리는 도면이다. 도면은 유목을 정주로 만드는 추상이고 언어다. 그런데 이 어려운 개념들을 차치하고 건축이 얼마나 언어에 의존하는지를 가장 쉽게 이해할 수 있는 방법이 있다. 건축가는 자기 손으로 물건을 만들지 않는다는 사실이다. 건축가는 만들어주는 사람에게 지시할 목적으로 도면을 그린다. 손과 몸을 움직여 건물을 만드는 사람은 따로 있다. 이때 거짓말하지 않으려면 도면을 보고 누가 시공하더라도 결과가 똑같아야 하지만 시공 회사마다 똑같이 만들 수는 없다. 도면이 바로 '언어'이기 때문이다. 또 건축가는 다른 제조업처럼 다 만든 물건을 파는 사람이 아니라, 부탁을 받고 물건을 만들 도면을 그리는 사람이다. 건축가는 도면이라는 언어로부터 떠날 수 없다.

첼로를 켤 때 음악을 하는 것은 연주자의 손이다. 손은 기술이므로 기술의 한계가 음악의 한계는 아니다. 그렇다고 음악성이 머리에만 있고 연주하는 팔에 없지는 않다. 훌륭한 연주자든 완숙

하지 못한 연주자든 손이 음악의 질을 결정하는 것은 분명한 사실이다. 따라서 음악성만 있다고 저절로 첼로가 잘 켜지는 것은 아니다. 음악성은 연주자의 머리에도 있고 연주하는 팔에도 있다. 여기에서 연주하는 팔이란 언어이고 음악성과 반드시 일치하지 않는다. 그렇다고 첼로를 켜는 팔_{언어}이 수단만은 아니다.

그러면 건축물을 '공기'처럼 만들어야겠다고 말하면, 그러한 공간이 쉽게 만들어질까? 그렇지 않다. 모든 언어는 생각을 온전히 전달하지 못하며 늘 무언가를 남기게 되어 있다. 따라서 말_{언어}과 실현 공간_{건축}에는 차이가 생긴다. 이는 숙명적으로 언어와 내용이 일치하지 않기 때문이다. 또 건축은 자기 언어인 형식과도 차이가 생기는데, 일상적으로 사용하는 말과 건축이 완전히 일치하리라고 기대하는 것이 잘못이다. 그러므로 이 차이를 두고 말은 소용없다, 다 거짓말이다, 건축가가 멋대로 한 소리일 따름이라고 할 수 없다. 말_{언어}은 건축가가 가야 할 목표이며, 도달하지 못하면 계속 추구할 주제로 남는다.

20세기 초반 르 코르뷔지에와 미스 반 데어 로에는 그들이 처한 사회에 맞는 새로운 건축의 본질적인 형식을 추구했다. 이들은 같은 사회에 대한 것에 전혀 다른 방향으로 대응했다. 건축의 언어가 달랐기 때문이다. 코르뷔지에는 돔이노에서 시작하여 서서히 원시적이고 토속적인 것을 향해 자신의 건축 방향을 바꾸었다. 미스도 초기와는 달리 건축이 지니는 미니멀한 모습을 추구했다. 말_{언어}과 실현 공간_{건축}에는 늘 차이가 생기기 때문이었다.

그러나 루이스 칸은 두 사람과는 달리 좀 더 신중하게 말했다. 흔히 루이스 칸을 건축에 대해 매우 추상적이고 철학적으로 말하는 건축가로 잘못 알고 있다. 하지만 의외로 일상의 언어로 말하고 있으며, 누군가의 말을 빌리지 않고 신중하게 사용한다. 그는 말이 말의 차원에 속하고 사물은 사물에 속하여 서로 다를 수밖에 없기 때문에, 말과 사물 사이에는 건너기 어려운 간격이 있음을 알고 있었다. 칸은 왜 말에 신중했을까?

건축을 한다는 것은 사람의 생활에 질서를 주는 것이다. 질서라고 하면 구속하는 느낌을 주지만, 질서가 없으면 자유로움이 생기지 않는다. 건축은 구속됨으로써 자유를 주는 구조물이다. 설계는 논리적으로 만들려는 노력과 그 논리가 담지 못하거나 그 논리로부터 벗어나려는 것이 균형을 이룰 때 성립한다. 따라서 설계에서 논리나 형식은 그것에서 벗어나려는 상상력을 얻기 위한 스프링보드다.

건축설계는 문득 떠오르는 생각이나 연상으로 답을 찾는 과정이다. 그런데 문득 드는 생각이나 연상은 말이 전혀 관계없는 것으로 비약하기 때문에 생긴다. 다만 이 비약은 완전히 자유로운 것이 아니며 어떤 질서에 느슨하게 속해 있다. 건축이 언어라고 하면 왠지 모르게 구속하는 듯한 느낌이 들지도 모르겠다. 그러나 이때 중요한 것은 논리, 형식, 언어가 아니라 그것 때문에 이탈하려는 상상력을 얻을 수 있다는 반증이다.

'말'을 쓰는 것은 설계하는 것과 똑같다. 설계의 구상이 떠오를 때 그림을 그리고 여백에 그 골격을 꿰뚫을 자신만의 글을 써보라. 그러면 설계는 조금씩 확신을 가지고 나아갈 수 있다. 나는 건축가이고 사물을 만드는 자이니 도면이나 그림으로 표현하면 됐지 말은 필요없다고 단정하는 것은 옳지 않은 태도다. 오히려 사물을 만드는 건축가이기 때문에 말과 사물 사이에 간격이 있으므로 더욱 진지하고 정확하게 말할 수 있어야 한다.

작은 사람

과묵했을 것으로 여겨지는 알바 알토의 이 말은 어떻게 생각하는가? "우리는 단순하고 좋고 장식이 없는 사물을 만들고자 해야 한다. 그러나 그 사물은 사람과 조화를 이루고 길에 있는 작은 사람에게 근본적으로 잘 맞아야 한다We should work for simple, good, undecorated things, but things which are in harmony with the human being and organically suited to the little man in the street."[33] 이것은 1957년 영국왕립건축가협회Royal Institute of British Architects의 강연을 마무리 지으며 한 말이다. 평범하고 짧고 당연하게 보인다.

그는 단순하고 멋있으며 장식이 없는 좋은 사물을 만들어야 한다고 말한다. 하지만 그게 다가 아니다. 그 사물이 사람과 조화를 이루는지 아닌지가 더 중요하다. 특히 "거리를 걷고 있는 작은 사람"에게 잘 맞아야 한다고 강조한다. 이때 '작은 사람'은 누구인가? 키가 작은 사람인가, 힘이 없는 사람인가? 그리고 '길에 있는 작은 사람'이란 무엇을 뜻하는가? 이를 통해 무엇을 말하고자 했을까? 그는 설계만 하면 되었지, 말을 하지 말라고 하지는 않았다. 그는 '말'을 하였고, '작은' 사람이라는 표현을 되풀이했다.

알바 알토는 1947년 미국의 문학이 급진적이라며 이렇게 썼다. "미국의 문학은 '작은 사람'을 지배하는 공업 생산의 공포를 보여주고자 애쓰고 있다." 영화를 좋아하는 알토는 영화 〈베니스에서의 어린이 자동차 경주Kid Auto Races at Venice〉에 나오는 연미복 차림의 콧수염 신사를 보았다. '리틀 트램프Little Tramp' 캐릭터를 연기한 찰리 채플린Charles Chaplin은 이 역을 '작은 친구little fellow'라고 불렀다. 알토가 '사람'이라 하지 않고 '작은 사람'이라고 말한 것은 근대화, 관료주의, 전쟁에 마주 서 있는 유약한 존재이기 때문이다. 이 유약한 사람은 잠재적으로 곤경에 처해 있다. 또한 관료 사회와 대중 사회의 기술에 대하여 실존하고자 투쟁하는 사람이다.

그러나 이 '작은 사람'은 자신의 건축에서 매일을 살아가는 거주자이며 사용자다. 알토가 말한 '길에 있는 작은 사람'이란 구체적으로 보통 사람이자 모든 사람이다. "'작은 사람'은 도로 위에서 완전히 자동차로 둘러싸여 있다. 작은 마을에서조차 1분에 몇백 대나 되는 차가 보행자나 작은 사람을 추월해 간다." 자동차라는 기계에 대치될 때 작다는 것을 바로 인간성의 본질로 보고 있다. "건축을 인간화한다"는 것은 건축을 이렇게 '작은 사람'에게 적합하게 만드는 작업이다. 그래서 그가 인간적 스케일을 강조하는 이유도 물리적인 모듈이 아니며, 세상에 사람이 차지하고 있는 작고 약한 위치를 인식하는 데 있었다.

건축은 작은 사람을 보호해야 한다. "만일 기술이든 예술이든 우리가 하는 일에서 인간을 제외한다면, 현대의 기계문명 안에서 '작은 사람'을 어떻게 보호할 수 있을까? 관념적으로 보호하는 것만으로는 충분하지 못하다. 속된 기술일지라도 기술은 무엇보다도 인간을 생각하는 것처럼 디테일 하나하나에서 종합할 수 있어야 한다."[34] 그가 말하는 '사람'은 인본주의적인 사람이 아니며, 낭만적이고 인문학적인 사람도 아니다. '작은 사람'은 관념적으로 보호되지 않는다. 그다지 높지 못한 기술일지라도 건축은 기술을 종합한 존재로 구사해야 한다. 또한 알토의 '작은 사람'은 수많은 전쟁을 이겨낸 자기 동포인 핀란드인을 암시하며, 설계한 건물을 드나들며 감각적으로 반응하는 사람들이다. 이들은 알토의 건축을 수령受領해준 사용자들이었다.

알토는 핀란드를 '작은 나라'라고 불렀다. 큰 나라와는 달리 작은 나라가 사람에게 친근한 환경을 잘 만들어줄 수 있다고 보았기 때문이다. 앞서 언급했듯이 '작은 사람'은 핀란드라는 작은 나라와도 깊은 관계가 있다. 알토는 조국에 대해 이렇게 말했다. "핀란드는 8만 개 이상의 호수와 숲이 있는 나라다. 이 나라에서는 언제나 자연과 접할 수 있다. 도시는 소규모이고 수도조차도 인구가 40만 명이다. 그 다음으로 큰 도시의 인구는 3만 명 전후이며, 인구 3만 명 정도의 도시가 중형 도시로 불린다. 이마저도 행정기관이 중심인 경우가 많다."

그가 '작은 사람'에 마음을 두는 것은 건축물을 지을 때 개인individual을 존중하겠다는 신념을 나타낸다. 그래서 그의 건축은 작은 것에서 시작하여 그대로 큰 것이 되는 느낌을 받는다. 보통은 작은 것으로 단위를 정하면 큰 단위로 확장될 때 또 다른 스케일의 개념을 넣어 구성되는 경우가 많은데, 알바 알토의 건축에서는 부분으로 나뉜 것이 그대로 집적하여 큰 스케일로 적분되는 감각을 가지고 있다.

알토의 건축을 말할 때 재료의 디테일이 단초가 된다. 그 안에는 언제나 개인의 감각이 있다. 가죽으로 감싼 문의 손잡이나 나무로 만든 난간은 개인의 손을 위한 것이고, 벽돌로 마감한 계단은 개인의 발을 위한 것이며, 계단이나 복도의 낮은 빛은 개인의 눈을 위한 것이고, 똑같은 디테일인데도 형태를 달리한 것은 개인에게 친숙하도록 만든 것이다. 그가 자연과 개인을 건축으로 잇겠다는 것은, 자연이야말로 자유이며 풍경과 '작은 사람' 사이에서 만들어져야 한다고 보는 시선이다. 이런 이유에서 근대건축은 모듈이나 산업주의Industrialism와 연동하지만, 알바 알토의 건축은 아주 작은 것에서 시작하여 큰 규모의 환경에 이르기까지 사물 자체가 연속한다.

알토의 건축은 '작은 사람'이 환경을 누적하여 경험할 수 있도록 작은 스케일의 형태*를 친숙하고 세련되게 만들었다. 그의 건물 형태는 한 사람에게 대응하는 스케일에서, 모이는 사람들이 많아질 때마다 조금씩 달라진다. 그래서 디테일이 유연하게 풍경으로 이어진다. 그의 건축에서는 '작은 사람'의 경험에서 시작하여 개인과 시설, 개인과 공동체를 엮어간다. 이런 방식은 건축가의 예술적 표현을 위해서가 아니라, 평범하고 '작은 사람'들이 편안하고 행복하게, 더 많은 사람에게 더 좋은 삶의 조건을 만들어주는 데 목적이 있었다.

'작은 사람'은 근대화, 기계화, 문명, 전쟁에 노출된 인간을 위해 과연 건축과 건축가가 무엇을 해야 하는지 근본적인 문제를 구체적인 이미지로 물은 것이다. 이는 한 건축가가 아주 작은 개념에 집중하고 설파하며, 그로부터 올바른 건축물을 어떻게 지어야 마땅한가 묻기 위함이다. 따라서 완성된 건축물에 대한 설계 개념이 아니라, 거장의 건축 인생의 전체를 꿰뚫는 '말'이다.

건축에서 자연은 무엇인가, 특히 사람은 어떤 자연 환경에서 살고 있는가, 이것을 지역성이라고 부른다면 과연 건축의 지역성은 어떤 것인가, 왜 작게 시작해야 하는가, 부분은 사람에게 어떻게 지각되는가, 그리고 그 스케일은 어떻게 표현될까, 사람을 추상적인 인간이라고 여기지 말고 개인individual으로 바라보아야 하지 않는가, 그러면 내가 설계한 건물을 찾아오는 그 개인을 어떻게 불러야 마땅할까, 사용자라고 부르기에는 효율적으로 들릴지도 모르니 건물의 수령자라고 해야 하지 않을까, 이때 건축은 공동체의 감각을 어떻게 줄 수 있을까?

질문은 계속 이어진다. '작은 사람'은 작은 환경에서 출발해야 한다. 그러려면 작은 부분 곧 디테일이 환경의 출발이지 않은가, 건축의 친밀감을 보장하는 방식은 무엇일까, 이와 같은 부분은 어떻게 자연에 이어질까, 이 크고 작은 부분이 건물을 찾아오는 개인에게 어떻게 지각될까, 촉각이 우선하는 공간을 만들어야 되지 않을까, '작은 사람'이 사람으로 통합되듯이 건축도 풍경도 병치하여 통합하는 방법이 옳지 않을까? 그의 말은 이렇게 수많은 질문을 안고 있다. 건축은 '말'이고 이론이다.

설계

설계와 가치

건축과 관계없는 사람도 '디자인'이라는 말을 쓴다. 네일 아트 디자인nail art design을 생각해보라. '네일 아트 설계'라 하지 않는 것을 보면, 디자인은 설계보다 더 넓은 뜻으로 설계라는 개념을 포함한다. 일반적으로는 영어로 'design'이라 하고 이를 디자인, 기획, 설계라고 말한다. 시각 디자인일 때는 visual design이지만, 제품 기획은 product design 또는 design이라 한다. software design이나 system design이라 할 때는 설계로 번역한다.

이때 혼란이 생긴다. 원인은 간단하다. 본래 design은 디자인, 기획, 설계로 나뉘지 않고 모두 합한 개념인데, 분야를 나눈 것이 문제라고 본다. 설계란 정해진 목표를 향해 지속적으로 결단을 내리는 작업이다. 목표라고 정해진 기능이나 성능이 어떤 결과로 달성되는가를 예측하면서 순차적으로 결단하는 것이다. 따라서 설계는 코스트, 공법, 공기까지 생각하여 계획을 짠다.

예술과 디자인은 쉽게 구별된다. 예술은 제한이 없는 상태에서 자신을 표현하는 것이고, 디자인은 주어진 범위에서 문제를 해결하는 프로세스다. 예술은 정해진 목적을 위해 도면을 그리

지 않는다. "디자인은 단지 어떻게 보이고 느끼는가가 아니라, 그
것이 어떻게 작동하는가다."라는 스티브 잡스의 말이 이를 간명하
게 보여준다. 따라서 디자인은 사용자를 두고 논리적이어야 하며,
'왜'가 설명되지 않으면 다음 일이 진행되지 않는다. 예술가는 혼자
일하지만, 디자인은 협동하여 여러 의견을 듣고 수렴해간다.

영국 건축협회 건축학교Architectural Association School of Architecture
의 교장이었던 하워드 로버트슨Howard Robertson이 1924년에 낸 책
『건축 구성의 원리The Principles of Architectural Composition』가 1932년
에 개정판을 내면서 『현대 건축 디자인Modern Architectural Design』으
로 제목을 바꾸었다. 이 사례가 20세기 중반에 디자인이란 말이
성행하게 된 배경을 대변한다고 한 건축사 교수 에이드리언 포티
Adrian Forty의 평처럼,[35] 건축에서 디자인이라는 용어가 사용되기
전에는 '구성'이 대신하고 있었다.

소묘素描라는 뜻의 이탈리아어 disegno와 프랑스어 dessin의
어원은 모두 라틴어 'designare'이다. 계획을 기호로 나타내는 것인
데, 어떤 물건을 만들기 위한 지시를 준비하는 것을 뜻한다. 그런
데 20세기 중엽에는 지시대로 만들어진 물건도 디자인에 속했기
때문에, 건축하는 사람들은 디자인이라는 말에 혼동을 느꼈다.

'계획'[36]은 일을 행할 때 정해진 목표를 달성해가는 방법과
순서를 뜻하는데, 목표를 설정하는 단계를 일반적으로 '기획'이
라고 한다. 작전 계획, 여행 계획, 투자 계획이라고 하듯이 정해
진 목표를 달성하기 위해 수단을 정하는 것이다. 그러나 인생 설
계나 생활 설계를 인생 계획, 생활 계획이라고 하지 않는다. 인생
이나 생활은 정해진 목표를 달성하기 위해 수단을 정할 수 있는
것이 아니라 전체이기 때문이다. 건축을 만드는 과정은 일반적으
로 기획 → 설계 → 시공 → (이용)으로 생각한다. 기획에서는 건축
의 성격이나 규모 또는 건설 시기, 설계 조건을 정한다. 그러나 규
모가 커지고 기술이 고도화되며 사회가 복잡해짐에 따라 기획에
서 금방 건축의 설계 조건을 확정할 수 없었다. 그래서 기획 → 계
획 → 설계 → 시공 → (이용)의 단계를 밟게 했다. 목표 설정은 본

래 '기획'에 속하고, 구체적인 형상의 표현은 설계에 가까운 중간 적 성격의 일을 '계획'으로 분리하여 부른다.

'설계'라는 말을 건축에 한정한다면, 사물을 실제로 만드는 행위의 전 단계로 사용되는 경우가 많다. 곧 어떤 것을 만들려면 먼저 무엇을 어떻게 하면 좋을까 생각하는 것이 보통이며, 완성된 것을 상정하여 도면을 그린다. 이제부터 만들려는 것을 미리 하나 의 구체적인 형태의 이미지로 정착시키는 것이다. 따라서 설계는 단지 물건을 만드는 데 머물지 않고, 무언가를 행하려고 할 때 예 상되는 결과나 기대하고 싶은 결과를 그리는 데 사용할 수 있다. 인생 설계나 생활 설계라고 할 때가 그렇다.

'설계'는 특정한 소재를 바탕으로 형태와 기능 등을 검토하 고 조정하여 제작하는 것까지 고려하며, 목적에 적합한 물건을 구 성하는 일이다. 건축하는 사람들에게는 설계가 곧 디자인이다. 건 축에서는 설계를 영어로 'planning and design'이라고 한다. 설계 단계에서는 건축물 또는 공작물을 제작하고 시공하기 위해서 그 재료와 구조, 규모, 형태, 배치, 성능, 비용 등을 계획하고 그것을 도면으로 표시한다. 건축사법에서 설계란 자기 책임 아래 건축물 의 건축, 대수선, 용도 변경, 리모델링, 건축 설비의 설치 또는 공작 물의 축조를 위해 조사하고 기획하는 행위, 설계 도서를 작성하 는 행위를 말한다. 구조 설계는 'structural design'이다.

와인은 생산하는 사람이 있고, 감정하고 골라주는 사람이 있으며, 최종적으로 마시는 사람이 있다. 마시는 사람은 사용자인 데 저마다 와인을 좋아하는 취향이 다르다. 공공 건축물은 고객 에게 제공하기 위해 양질의 와인을 선택하는 소믈리에에 해당한 다. 그리고 생산자는 건축가다. 이때 자신이 마시고 싶은 와인을 만든다는 건 상상할 수 없다. 생산자는 객관적인 맛, 풍미, 품질을 얻기 위해 노력한다. 생산자도 재배지 운영책임자, 재배책임자, 양 조책임자 등 세 사람의 공동 작업으로 결정된다. 이를 설계에 비 유하면 많은 전문가의 협동으로 구상을 발전해가는 것과 같다.

생산 소비 과정에서 와인을 둘러싸고 수많은 가치가 작용한다는 것을 배운다. 맛만 보더라도 단맛, 신맛, 과실 맛, 깊은 맛 등의 가치가 있다. 이 가치는 각각 대등하다. 또 다른 맛도 얼마든지 존재할 수 있다. 와인이 재미있는 이유는 가치가 하나로 고정되지 않았다는 점이며, 생산하는 사람, 마시는 사람, 평가하는 사람이 가지고 있는 가치가 복합적으로 작용한다는 점이다.

이에 비하면 건축에 작용하는 가치는 훨씬 복잡하다. 와인은 재료가 하나이고 원산지에 속해 기후의 영향을 받지만, 건축은 시대에 따라 재료가 다양하게 변화하고 건축물을 생각하는 가치가 생산, 이용, 발주의 차원에서 아주 다르며 그리 길지 않은 시간에 변할 가치도 많다.

건축은 다른 사물과는 비교가 안 될 정도로 크고, 인간의 생활 세계를 형성하며, 사회와 기술과의 관계가 복잡하다. 그래서 오히려 구상의 근거를 사려 깊게 찾지 않으면 안 된다. 그 근거는 건축이 어떻게 있어야 하는가에 대한 판단의 기준이 되고 설계를 이끄는 힘이 된다. 과거 고대 그리스에서는 건축의 근거가 자명했으나 그 뒤부터 20세기에 이르기까지 원시, 기능, 추상, 물질, 기술 등에서 수많은 근거를 찾았다. 그러나 이들의 근거는 신뢰를 잃고 상대화되어 무엇이 본질인지 묻기 어렵게 되었다.

구상의 근거도 건축가 개인의 표현과 의도에서 찾고, 표현을 위한 방법 자체가 구상의 내용이 되었다. 그러나 이런 과정에서 사용자의 가치를 현실의 일부로 바라보아야 된다고 생각하기 시작했다. 그 결과 건축가란 건축 안에서 수많은 타자와 접속하는 편집자와 같은 존재가 되었다. 이에 규칙은 조건에 따라 수정되고 변형되며, 사후에 정해진다는 사고가 건축을 주도하고 있다.

설계는 언어 게임

건물을 설계할 때 가장 중요한 것은 건물이 지어지기 위한 목적과 용도 그리고 기능이라고 말한 바 있다. 그러나 그 기능을 실제의 물리적인 공간으로 바꾸는 방법은 무수히 많다. 그 안에서 건축가는 확실한 근거를 가진 방법을 선택해야 한다. 그럼에도 건물과 연관된 사람들이 공유하는 규칙은 사전에 존재하지 않는다. 오히려 그러한 근거가 있다는 믿음이 사소한 환상에 지나지 않는다. 다만 규칙이 있다면 설계 과정에서 발견되는 규칙이 존재할 뿐이다. 형태의 규칙이나 내용의 규칙은 사전에 정해져 있지 않다.

현실 세계에는 수많은 사실이 모여 있다. "새가 나무에 앉아 있다."고 하듯이 글이 하나의 사실을 베끼면 그것을 과학적인 글이라고 한다. 해가 떠 있다, 나무가 서 있다, 지구가 돌고 있다 등 사실과 글이 일대일 대응하는 글이 그렇다. 철학자 루트비히 비트겐슈타인Ludwig Wittgenstein은 "신은 존재하는가?" "인간이란 무엇인가?" 하며 언어로 표현할 수 없는 것을 언어로 표현하려 했다는 데 문제가 있다고 보았다. 그리고 말로 할 수 없는 것이 소중하다고 생각했다.

그는 과학적 언어가 먼저 있고 그다음에 일상 회화가 생긴 것이 아니라, 반대로 일상 회화가 먼저 있고 그것에서 과학적 언어가 체계화된다고 주장하였다. 따라서 세계를 이해하려면 먼저 생긴 일상 언어가 더 중요하다고 보았다. 그런데 일상 언어는 과학적 언어처럼 일대일 대응하지 않는다. "오늘은 날씨가 좋다."는 것은 때와 경우에 따라 몇 가지 의미를 갖는다. "우산을 가지고 가지 않아도 되겠구나." "오늘 안에 세탁물을 말려 두어야겠다." "오늘 산에 가야겠는데." "어제는 비가 왔는데 오늘은 안 오네." 우리는 이 회화의 규칙을 알고 있지 않으면 일상 언어를 다룰 수 없다. 비트겐슈타인은 이러한 회화의 특성을 '언어 게임'이라고 불렀다. 게임의 규칙은 일상생활 안에서만 배울 수 있다. "오늘은 날씨가 좋다."가 무엇을 가리키는지 알려면 실제 일상생활에서 '언어 게임'에 참가해야 한다.

건축도 과학적 사물이기 이전에 일상의 사물이므로 건축에 관한 말은 과학적 언어와 같이 사실과 일대일 대응하지 않는다. "오늘은 날씨가 좋다."고 말하듯이, 이 건물을 "이렇게 설계했다."고 말하는 것에는 많은 상황적 의미가 개입된다. 그래서 특히 건축의 설계는 언어 게임에서 성립하고 그 안에서 배울 수 있다.

일상 언어를 언어 게임에 비유한 것은 게임 자체에도 명확한 정의보다 매우 느슨한 묶음밖에는 없기 때문이다. 가족의 얼굴이 그렇다. 가족의 얼굴에는 단 하나의 공통점도 없지만, 형의 귀가 아버지 귀를 닮았고 형의 눈이 어머니의 눈을 닮았으며 어머니의 코가 누이동생의 코와 닮아 있다는 식이다. 그렇게 보면 이 가족 전체는 닮은 듯 보인다. 그래서 비트겐슈타인은 언어 게임을 '가족적 유사類似'라고 불렀다.

테니스를 치는 것과 장기를 두는 것은 서로 마주하고 게임을 한다는 공통점이 있다. 그런데 둘 이상 치는 테니스는 컴퓨터 앞에서 혼자 하는 퍼즐 게임과 공통점이 없으나, 장기는 퍼즐을 푼다는 점에서 공통적이다. 플라톤의 이데아 철학이 여러 게임에 대해 이론을 정리했다면, 게임의 이데아가 먼저 있고, 거기서 파생된 게임 A, 게임 B, 게임 C 등이 모두 공통된 성질을 갖는다고 했을 것이다. 그러나 '가족적 유사'에서는 공통점과 아닌 유사점이 서로 교차한다.

대학교 4학년 학생들을 대상으로 건축설계 스튜디오를 지도하다가 학생 Y의 발표를 들었다. Y는 '상관성'을 주장하였는데, 과연 이 학생이 무엇을 하려는지 잘 알 수 없었다. 주변을 조사한 결과 편의점, 식당, 카페, 독서실이 많으니 이 네 군데를 부분적으로 강조해 두어야겠다는 것이었다. 플라톤의 이데아 철학처럼 주변의 특징을 바탕으로 편의점, 식당, 카페, 독서실 등을 계획에 넣어야겠다는 것과 같은 이치였다. 이 생각이 마음에 들지 않았다. 그래서 Y가 보여준 자료를 다른 관점에서 보자고 하였다. 편의점, 식당, 카페, 독서실을 같은 업종으로 도입하지 말고, 편의점'과 같은 것', 식당'과 같은 것', 카페'와 같은 것', 독서실'과 같은 것'으로 바꾸어 과제가 요구하는 주거 계획을 한다면 어떻게 될까 하는 생각이었다. 그래서 이 학생에게 그 네 가지 '-와 같은 것'에 무엇이 있는지 고민해보라고 했다.

그런데 발표 자료를 검토하다보니 Y가 미처 보여주지 못한 장이 더 있었다. 편의점, 식당, 카페, 독서실 사이에 화살표를 그려 묶어보려는 의도를 나타낸 도면*이었다. 여기에는 '↔' '↩' 등 두 종류의 화살표가 관계를 맺으려는 듯이 보였다. ↔로 표시한 것은 카페 ↔ 독서실, 편의점 ↔ 식당 등 세 개였고, →로 표시한 것 중 세 개는 외부에서 독서실과 식당과 편의점을 향하도록 그려져 있었다. 물론 이 단계에서는 임의로 그린 것이지만 그래서 ↔는 무언가의 공통점을 기대한 듯했다. 여기에서 화살표를 바꾸어 편 의점 ↔ 식당, 식당 ↔ 카페, 카페 ↔ 독서실로 만든다면 이 계획은 플라톤의 이데아가 아니라, 비트겐슈타인의 언어 게임과 가족적 유사가 된다. 그래서 다시 Y에게 이 다이어그램과 가족적 유사인 조건 안에서 언어 게임을 해보라고 권했고, 그는 잘 풀어갔다.

당시에는 같은 부류의 특성을 서로 가까이 또는 멀리 거리를 조절하면서 가능성을 탐구해보라는 의도였다. 그런데 지금 생각해보니 이것이 비트겐슈타인의 언어 게임과 가족적 유사를 통한 설계였다고 할 수 있다. 설계는 언어 게임이다.

발상과 가설 추론
사후에 발견되는 규칙

우리는 어떤 공부를 하든 근거와 규칙을 찾고 싶어 한다. 근거와 규칙은 반드시 있으며, 잘 지니고 있으면 다음 문제가 해결될 것이라 믿고 싶어 한다. 건축을 공부할 때도 확실한 근거와 규칙을 찾기만 하면, 근사한 해결책이 손쉽게 뒤따른다고 여긴다. 그렇다면 과연 건축의 공간을 확정하는 규칙은 어떤 것이 있으며, 그 근거는 어디에서 오는가?

규칙은 시대를 인식하는 여러 방법과 깊은 관련이 있다. 고전주의 시대에는 규칙을 얼마나 엄격하게 구사하는지에 건축가의 능력이 평가되었다. 그러나 그 규칙은 오늘날 적용되지 않는 것이 많다. 또한 그 근거도 우리가 살아가는 방식과 전혀 무관할 수 있다. 현대사회는 결정의 근거에 깊은 회의감을 갖게 만든다. 특히 사람의 활동과 행위는 무언가에 근거를 가지고 있지 않다. 아이들이 길에서 노는 행위를 관심 있게 보고 있으면, 그들이 즐기는 놀이는 정해진 규칙이 없고, 놀면서 규칙을 새롭게 바꾸어 가는 과정에서 더 큰 재미를 느낀다. 다섯 명이 있어야 성립되는 놀이를 세 명이 진행하는 경우도 있고, 길이 좁으면 놀이의 순서를 생략하는 경우도 많다.

놀이에는 규칙이 반드시 따르지만, 그렇다고 해서 규칙이 놀이를 지배하는 것은 아니다. 반대로 놀이가 규칙을 바꾸어가기도 한다. 어떤 경우에라도 진행되는 것이 중요하다. 2+2 = 4이지만, '+'라는 기호의 의미를 더하기가 아닌 곱하기로 바꾼다면 2+3 = 6이 된다. 물론 수학에서는 있을 수 없는 것이지만, '+'를 더하기가 아닌 곱하기의 의미로 바꾸면, 2+2 = 4와 2+3 = 6이라는 두 등식을 동시에 만족하는 것이 된다. 따라서 이 두 등식을 만족하는 규칙은 사전에 정해진 것이 아니라 사후에 발견된 것이다.[37]

우리는 언어를 사용하여 다른 사람과 대화한다. 그러나 내가 무언가를 말했다고 해서 상대방이 다 알아듣는 것은 아니다. 그래서 규칙과 내용을 달리하며 그와 대화를 시도한다. 이미 언어게임을 시작한 것이며, 규칙은 게임이 진행되는 가운데 발견된다. 물건을 파는 일도 이와 비슷하게 생각할 수 있다. 물건을 파는 사람과 물건을 사는 사람은 규칙을 가지고 있지 않다. 규칙이 없는 상태에서 거래를 시작한다. 거래에서 흥정은 사실 규칙을 바꾸며 가치를 정해가는 과정이다. 따라서 파는 사람이 그 물건의 가치를 정했다 해도_{규칙을 정했다 해도}, 그 가치_{규칙}는 사전에 정해진 것이 아니라, 파는 사람이 상정한 것에 지나지 않는다. 상품의 가치는 거래가 성립되어 가는 과정을 통해 사후에 정해진다.

건축설계는 건축주의 요구에 대하여 건축가가 가지고 있는 기술로 집이라는 인공의 환경을 만들어내는 작업이다. 이는 공학과 과학, 산업과 경제학이 관계하며 기능과 건축비의 모순을 해결한다. 하지만 이들 사이에 분명한 답이 없으므로 분석을 잘했다고 설계의 답이 저절로 나오는 것은 결코 아니다. 설계란 분석이 아니라 기능, 속성, 성능 그리고 사람들의 마음을 모아 실체를 만들어내는 종합적인 작업이므로 늘 비약이 개입한다.

설계 과정에서도 조금 전보다 지금 더 좋은 것을 찾으면 그것이 성공이므로, 설계에서 진실한 설계, 완벽한 설계란 있을 수 없다. 이전 건물이나 다른 건물과 비교해 더 좋은 설계만이 있을 뿐이다. 건축의 설계 과정은 시간이 지난다고 점점 좋아지는 것이 아니며, 어떤 설계에도 엄밀하게는 필연적으로 잘못된 것이 끼어들게 되어 있어서 어떤 지점에서든 틀릴 가능성이 존재한다. 그러므로 건축설계는 가설을 세우고 추론하면서 더 좋은 답을 계속 찾는 일이라 할 수 있다.

비약적 발상

건축설계는 어떻게 할지 방침을 정하고 계산하고 그림을 그리고 수시로 모델로 만들고 토론하며 온갖 방법으로 답을 찾는 과정이다. 논리적으로 가장 좋은 답을 찾기 위해 특정한 문제에 과학적 지식을 더해 풀어보고 분석하지만, 그 분석을 뛰어넘는 하나의 지점을 찾아 헤맨다. 분석은 문제가 어떤 것인지 분명하게 해주지만 답을 주지는 않는다. 문제를 잘 알면 답이 나온 것과 같다고 하는데, 이렇게 말하는 중에도 아직 답은 모른다는 데 문제가 있다. 대부분 회사에서도 임원이 문제를 보여주지만 답을 찾는 것은 직원들이다. 학교 강의는 문제를 잘 알게 하는 것에 관심을 두지만, 실무의 목적은 문제를 찾는 데 있지 않고 답을 찾는 데 있다.

생각하는 방법에는 논리사고법과 발상사고법이 있다. 논리사고법은 잘 알고 있는 대로 연역법과 귀납법이다. 연역법은 가장 센 조건을 제일 위에 놓고 하나하나 판단하는 것이다. 귀납법은 시간이 조금 걸리지만 여러 가지 정보를 수집하고 분석하여 큰 전제를 만든다. 연역법은 "사람은 모두 죽는다. 소크라테스는 사람이다. 따라서 소크라테스도 죽는다."와 같은 논법이다. 반면 귀납법은 "소크라테스는 죽었다. 아리스토텔레스도 죽었다. 르 코르뷔지에도 죽었다. 따라서 사람은 죽는다."와 같은 논법이다.

건축설계를 할 때는 완성하고 싶은 무수한 이미지와 아이디어를 머리에 떠올린다. 그리고 그 이미지와 아이디어에 논리와 분석을 빠르게 대입하여 그것이 과연 타당한지 아닌지를 고민한다. 이를 두고 '발상'이라 한다. 우리가 잘 알고 있는 연역법이나 귀납법의 논리로는 좀처럼 얻을 수 없다.

발상에는 발상의 사고가 필요한데, 이는 일반적인 논리 사고와 다르다. 발상에는 세 가지 길이 있다. 유추analogy, 발견휴리스틱, heuristic, 가설 추론어브덕션, abduction이 있다. 유추는 "A는 a, b, c라는 특성을 가지고 있다. 만일 a, b라는 특성을 가지고 있으면 c라는 특성도 있을지 모른다."고 생각한다. 발견휴리스틱은 비유하는 대상이 과거의 경험과 사례에 근거하여 "A라는 과거의 사례는 a, b, c라는 특성을 가지고 있다. 만일 B가 a, b라는 특성을 가졌다면 c라는 특성도 갖고 있을지 모른다."고 생각한다. 이것은 논리적으로 차근차근 다가가는 것이 아니라, 정답은 아니지만 대체로 빨리 정답에 가깝게 도달했다는 직감으로 판단하는 방법이다. 그래서 '발견법'이라고 번역된다. 옷차림을 보고 그 사람의 성격이나 직업을 판단하는 방법이 이에 속한다.

유추와 발견은 분석에서 얻어진다. 그러나 분석하지 않았는데 문득 생각난다든지 즉흥적으로 착상되기도 한다. 며칠 동안 아무리 생각해도 알 수 없었는데, 아침에 일어나는 순간 단서가 되는 도형이 머리에 떠오르는 것이다. 이것은 귀납법이나 연역법과는 다른 상상력이 필요한 논법이며, 어떤 사실과 현상을 근거로 여러 아이디어가 나올 수 있다.

예를 들어 "아침에 일어나니 마당의 잔디가 젖어 있었다. 비가 오면 잔디는 젖는다. 그래서 어젯밤에는 비가 왔을 것이다."라는 문장에서 "아침에 일어나니 마당의 잔디가 젖어 있었다."는 지금 보고 있는 현상이다. 그러나 이것은 그저 눈으로 보고 있는 것이 아니라 젖어 있는 것이 이상하고 놀랍다는 뜻이다. '비가 오면 잔디는 젖는다.'는 보편적 현상이다. '그래서 어젯밤에는 비가 왔을 것이다.'는 가설이다. 이는 가설 추론어브덕션이다.

가설 추론은 가설을 창안하는 논리다. 몇 가지 사실로 가설적 결론을 세우고 나머지 사실을 해석하는 추론 방법이다. 불확실하기는 하지만 빠르게 판단할 수 있다. 특히 생명체는 연역법이나 귀납법으로 살아남을 수 없다. 생명체가 계속 바뀌는 환경과 상황에 대처하려면 이런 방식으로 생각하고 움직여야 한다. 따라서 가설 추론은 생존하기 위한 논리다.

양말 한 짝을 잃어버린 사실은 '아침에 일어나니 마당의 잔디가 젖어 있었다.'에 주목하는 것과 같다. 양말 한 짝을 잃어버린 것을 아무렇지 않게 여기면 다시 생각날 리 없다. 양말 한 짝을 잃어버린 것이 이상하고 놀랍게 보여야 한다. 또 '양말은 한 짝을 잃어버리면 다른 한 짝을 못 쓰게 된다.'가 '비가 오면 잔디는 젖는다.'는 것과 같다. 그렇다면 '서로 한 짝씩 남은 양말을 그냥 신으면 안 되나?'는 '그래서 어젯밤에는 비가 왔을 것이다.'에 해당한다. 이런 식으로 '리틀미스매치드Little Miss Matched'라는 양말 브랜드는 소녀들이 양말 한 짝을 곧잘 잃어버린다는 것에 착안하여 '소녀는 짝짝이 양말을 좋아한다.'는 가설을 세웠다. 그리고 색깔이나 모양이 다르지만 서로 어울리는 양말을 몇 짝씩 함께 판매하는 상품을 개발했다.

그러므로 무슨 이론이다, 무슨 개념이다, 이렇게 해야 건축을 잘한다, 이것이야말로 건축의 진리다, 무릇 건축의 사고는 이런 것이다 하며 먼저 결론을 내리고 이에 따라 부분을 명확하게 하려는 연역적 논리는 건축이론에 맞지 않는다. 이런 것도 있고 저런 것도 있으니 이래야 하지 않겠는가 하는 논리에는 소개하는 예가 많아야 설득력이 높아진다. 따라서 자신이 선택한 것만 모은 귀납법적 논리로 꿰어지지 않은 개념을 설명하는 것도 건축이론이 아니다.

사실 건축에서 설계와 그 개념은 가설 추론이다. '무엇을'을 발견하는 것이 먼저이고 '왜'와 '어떻게'는 그 다음이다. '무엇을'을 발견하며 그다음을 꾸준히 연구하고 파고들면 된다. "아침에 일어나니 마당의 잔디가 젖어 있었다."는 발견이며 이 발견이 곧 기쁨이다. 그 발견이 정말 기쁨이 되는 것일까를 확인하는 것이 '왜'이고 '어떻게'다. 따라서 '왜'이고 '어떻게'는 '무엇을' 안에 다 들어 있다. '무엇을'이 머리에 떠오른 뒤 발상을 해야 그것이 무엇인지 발견하게 되고, 그것이 있어야 '왜' 그 발상이 좋고 앞으로 '어떻게' 해야 하는지 나오는 것이 아니겠는가. 그런데 그 '무엇을'은 찾는 데 조건이 있다. 깊이 생각하는 것, 그래야 비약적인 발상이 찾아온다는 사실이다. 건축의 이론은 왜 배울까? 깊이 생각하여 설계할 때 더 큰 비약적 발상이 찾아오게 하기 위해서다.

모델과 실물

모델은 잘못 읽기 위한 것

주택을 설계할 때 건축주의 요구 사항을 듣고 나서 작은 모델로 개념을 세우는 것이 좋다. 그리고 건축주에게 어느 정도 크기를 적용한 평면을 보여주기 전에 이 작은 모델을 먼저 보여줌으로써 지금 가지고 있는 불완전한 생각을 드러낸다. 건축주는 처음 보는 안에 크게 기대하므로 선입관을 멀리하기 위해서다. 작지만 추상적인 요구 조건이 언어가 되어 이를 통해 무엇이 새로운 생각일지를 서로 발견해가도록 한다.

건축가는 도면뿐 아니라 모델模型을 통해 이런 판단을 한다. 모델은 건축주에게 선보이려고도 만들지만, 자신의 생각을 검토하기 위해서도 만든다. 이를 '스터디 모델study model'이라고 부른다. 일반적으로 모델은 내부 공간을 검토하려면 1/50이나 1/100의 모델을, 도시 스케일로 주변 환경과 관계를 검토할 때는 1/500이나 1/1,000 축척으로 제작한다. 건축가가 그린 스케치는 건축가 개인의 것이므로 건축주가 자기 의견을 피력하기 어렵다. 그러나 모델은 여러 사람이 손대어 조금씩 변형해가는 데 아주 좋은 도구다. 스케치와 달리 초기 개념 모델은 중성적이어서 건축주와 사무소 스태프와 함께 집단적으로 의견을 나누는 데 유리하다.

건축가가 설계하는 과정에서 계속해서 모델을 만든다는 것은 결코 새로운 사실이 아니며 새로운 동향도 아니다. 안토니 가우디는 사람에게 3차원 공간을 제대로 파악하는 것이 얼마나 어려운가를 이렇게 설명했다. "인간의 이지理智는 2차원적이어서 평면상을 움직일 수 있을 뿐이고, 미지수가 하나인 1차방정식을 푸는 것에 지나지 않는다." 가우디에 따르면 사람의 머리는 한계가 있고, 그 한계로 그린 도면은 1차방정식에 비할 수 있다. 그래서 도면을 뛰어나게 잘 그리는 그는 늘 석고 모델을 만들어 계획안을 검토했다. 더욱이 이전에 없던 새로운 공간을 만들려면 모델을 만들어 실제로 보면서 설계하는 것 이외에는 방법이 없었다. 파사드 전체가 파동하며 움직이는 듯한 카사 밀라Casa Milá*의 정면은 1/10의 석고 모델을 만들며 설계했고, 석공들은 이 모델의 치수를 직접 재어 실제 크기로 깎아냈다.

　　도면으로 그린 건축물이 3차원적으로 어떻게 나타나는지, 그리고 그것이 실제로 무엇을 의미하는지 판단하려면 스터디 모델을 만들어 생각하지 않으면 안 된다. 설계에 대한 판단은 도면으로도 할 수 있지만, 모델을 통하면 또 다른 발상을 할 수 있다. 건축가가 설계하며 모델을 만드는 것은, 3차원적인 공간을 정확하게 지각하고 상상하는 사람의 능력에 한계가 있어서, 상상하지만 어쩔 수 없이 왜곡되었거나 미처 그리지 못했던 또 다른 개념을 발견하기 위한 것이다.

　　도면은 건축물이 완성해야 할 이상적인 모습을 2차원 평면에 기록한 것이지만, 스터디 모델은 도면으로 구상된 이상적인 상을 실체로 만들어 확인하기 위한 것이 아니다. 스터디 모델은 그것을 3차원으로 실현하기 위한 중간 과정에서 도면의 이상적인 모습을 다른 각도로 의심하기 위한 것이다.

　　오래전 달걀 모양의 성당을 설계한 건축가가 예수 그리스도의 부활을 상징하려고 이런 형태를 구상했음을 설명해주었다. 그런데 나중에 들어보니 모든 건 아르바이트하러 온 학생이 하릴없이 앉아 있기 무료해서 심심풀이로 둥그스름하게 깎아 본 재료에서 시작되었다. 마침 건축가가 테이블에 놓인 그 모양을 보고 마음에 들어 성당의 형태로 결정하게 되었다는 것이다.

　　렘 콜하스는 후쿠오카에 넥서스 월드Nexus World를 설계하면서 대지와 건축 형태의 관계를 모델로 만들어보고 그것을 형태로 바꾼 다음, 이 과정을 반복하여 지금의 복잡한 형태를 생성할 수 있었다. 이것은 마치 제품 디자인에서 아이디어를 빠르게 시제품으로 만드는 래피드 프로토타이핑rapid prototyping이라는 조형 기술과 같다. 또한 그는 로테르담 교외의 한 주택 프로젝트인 'Y2K'를 위해 포르투갈에 있는 '카사 다 무지카Casa da Música'•의 골격을 검토했다. 그런데 이 무산된 안의 모델을 일곱 배 확대하여 콘서트홀에 적용했다.

용도가 다른 두 건물에 결국 구성이 같은 모델을 그대로 다시 사용했다는 것에 의문을 느낀다. 그러나 이 예는 설계가 선형의 프로세스로 파악될 수 있다는 가능성, 곧 실물 건축에 대하여 '모델은 과연 무엇인가' 하는 관계에서 더 큰 의미가 있다. 또 건축의 스터디 모델이 단지 건물을 축소한 것이 아니라, 그 스케일로 성립하는 또 다른 작은 건축이라는 것이다. Y2K의 주택 모델은 카사 다 무지카라는 음악당의 타자적 존재였다.

모델은 이렇게 도면을 전혀 다른 것으로 '잘못 읽기' 위한 것이다. 그러나 이 '잘못 읽기'를 오해해서는 안 된다. 설정한 개념을 풀어내는 도면에 대해 모델이 하는 역할은, 모형을 만들어보아야 알 수 있는 것 또는 예상하지 못한 바를 발견하는 것이다. 이러한 사실을 조금 더 추상적으로 표현하면 도면 안에 없는 것을 발견하는 일이라고도 할 수 있다.

모델은 구상된 건축을 순수한 형태로 나타낸다. 그러면서도 완결되지 않은 존재로서 최종 결정이 내려질 때까지 '건축'을 향해 언제나 열려 있는 것일 테다. 스터디 모델은 건축설계가 '가설 추론'에 따른 작업임을 가장 잘 나타낸다. 모델을 대량으로 제작하는 것은 모델과 모델 사이에 있을 가능성을 탐색하는 일이다. 모델은 설계의 도구지만, 모델 자체 또는 모델을 만드는 행위 자체가 표현이고 설계이고 훌륭한 이론의 궤적이다.

실물 크기의 모델

건축설계는 갑자기 영감이 떠올라 그대로 그린다고 한 번에 되는 것이 아니다. 계속 되풀이하고 고치고 묻는 가운데, 이 정도면 좋다고 판단하는 사이에 서서히 결정된다. 시뮬레이션 기술이 고도로 발달한 오늘날, 건축가의 구상을 검증하고 공유하는 수단은 다양하고 손쉽게 이용할 수 있는 것이 많다. 그래도 많은 건축가가 건축이 현실 공간으로 나타나기까지의 과정을 여러 단계 모델로 계속 만들고 있다. 왜 그럴까?

모델은 설계의 도구만이 아니다. 모델은 계획을 시작할 때 만들고 조금만 안이 변경되어도 계속 만들어본다. 도시의 맥락, 지형과의 접점, 만드는 목적, 층수, 볼륨, 건물의 재료, 스케일, 구조를 해석해주는 수단이기 때문이다. 이로써 공간과 정경을 미리 보고, 새로운 건축적 질서가 어떻게 성립하는가를 객관적으로 파악한다. 처음에는 1/500로 시작하여 1/100, 1/50로 검토하다가 구조와 합해지면 1/30로, 또 구조와 스크린이 어떻게 만나는지를 검토하려고 1/1 등 다양한 스케일의 모델을 만든다.

미스 반 데어 로에의 크뢸러뮐러 주택Kröller-Müller Villa 계획안을 찍은 흑백사진*이 있다. 물론 이 계획은 불발로 끝났다. 그러나 이 사진은 모델을 몽타주한 것이 아니라 실현되지 않은 건물을 목재와 캔버스로 만든 실물 크기의 모델 사진이었다. 건축주를 설득하기 위해서 실물 크기의 1/1 모델을 만든 것이다. 사진에는 아무도 없는 건물로 한 남자가 걸어 들어가고 있다. 물론 이 모델은 건축가가 의도한 형태로 실현될 수 없었다. 이때 모델과 실물을 구별하는 것은 단지 건축가의 의도뿐인 기묘한 사진이다.

그러나 모델은 실물의 대리가 아니다. 보통은 지어질 실물이 원본이고 모델이 복사본인데, 이 주택 계획안에서는 모델이 원본이고 실물이 그것을 카피한 것이 되었다. 다만 이 경우 실물은 존재하지 않는다. 이 물체를 모델로 보는 건축가에게 이것은 건축이 아니다. 그러나 그 뒤에 "그러면 왜 이것은 건축이어서는 안 되는가?" 하는 반문이 따른다.

이에 대해 렘 콜하스는 답했다. "이 모델의 흰색과 무게 없음은 그가 아직 믿지 못했던 모든 것을 압도적으로 드러내는 것이 아니었을까? 비물질의 현현顯現은 아닐까?An epiphany of anti-matter? 이 캔버스로 만든 대성당은 또 다른 건축을 향해 이제 곧 나타날 장면을 급격하게 보여준 것이 아니었을까?"38 렘 콜하스는 뜻하지 않게 목재와 캔버스로 만든 실물 크기의 모델에서 자신도 미처 알지 못했던 비물질의 건축이 앞으로 나타날 미래의 건축이었음을 미스 반 데어 로에가 깨달았을 것이라고 말한다. 그래서 이 글의 제목이 〈미스를 만든 주택The House That Made Mies〉이다.

도면

도면은 악보

설계는 완성되지 못한, 분명하지 않은 것을 생각하는 일이다. 문제도 많고 모순도 많은데 이를 풀어 해답을 내는 것이다. 이러한 모순을 어떻게 풀 것인가? 건축설계를 하면 자주 경험하는 일이지만 종이를 앞에 두고 연필을 들고 있으면 종이와 연필이 이제 무언가를 그려보라고 말한다. 무엇이든 그리지 않으면 안 된다. 그래야만 생각이 난다. 아무것도 그리지 않으면 종이가 그대로 있기 때문에 그 생각이 맞았는지 틀렸는지 알 수가 없다.

건축가는 설계가 시작되어 완성될 때까지 거칠고 빠른 초기 스케치부터 최종 실시도면에 이르기까지 계속 드로잉한다. 그러나 실시도면이 끝이 아니다. 공사 현장에서도 디테일을 해결하기 위해 계속 그린다. 도면들 중에는 다른 이에게 보여주기 위한 것도 있다. 건축주에게 프레젠테이션을 하기 위한 도면이나 시공자에게 넘기기 위한 실시설계 도면은 보여주기 위한 것이다. 그러나 그 중에는 자신의 구상을 스스로 확인하기 위해 그리는 드로잉도 있다. 건축법에서 '설계'는 도면을 작성하는 행위로 무미건조하게 정의되어 있으나, 실제로 설계는 그리는 것의 연속이다.

건축가의 드로잉은 스케치북, 트레이싱 페이퍼, 대생 종이, 편지 봉투, 원고지, 메모지, 스터디 도면 등 가릴 것 없이 생각나는 대로 손이 움직인다. 계속 찾으려고 하나 아직 나타나지 않은 것을 찾아 그린다. 치수를 정할 때는 정확하게 작도해야 하지만, 머리에 떠오른 구상은 금방 사라지기 때문에 희미한 질서를 잡고 확인하기 위해 빨리 어딘가에 그려야 한다. 이탈리아 건축가 카를로 스카르파Carlo Scarpa의 드로잉은 대부분 하얀 종이에 여러 가지 디테일이 무수히 겹쳐 있다. 이는 마지막 형태가 아니라 사고가 만들어지고 이어지는 경로, 시간과 함께 숙성되어 가는 경로와 같은 것이다. 건축가에게 그리는 것은 생각하는 것이고, 생각하는 것은 그리는 것이다.

건축가들은 자신의 표현 수단인 도면에 각별한 의미를 주어 이해하고자 했다. 르 코르뷔지에는 건축이 음악이고 도면을 악보라고 했다. 이는 악보를 보면 머릿속에서 음악이 떠오르는 것과 마찬가지로 도면이 건축을 떠오르게 한다는 뜻이다. 그는 도면이 단지 종이나 종이에 그려진 기호가 아니라 건축을 있게 만드는 '서정성lyricism'이 집약된 것이라고 말한 바 있다. 따라서 르 코르뷔지에의 말에 따라 건축가에게 도면은 마음과 정신에 관한 것이라고 할 수 있다.

루이스 칸의 도면에 대한 표현도 각별하다. 도면은 악보와 같은 것이다. "음악가는 악보를 볼 때 나는 그가 그것을 듣기 위해 본다고 자각한다. 건축가에게 평면도란 빛 속에서 공간 구조의 오더order가 나타나는 도면이다."[39]라든가, "음악가도 똑같은 전체성으로 자신의 악보를 파악한다. 그의 작품은 분리할 수 없는 요소들의 구조와 음에 내재하는 공간이다. 위대한 음악 작품은 연주할 때 듣는 모든 이에게 의기 충만한 감정을 전달할 수 있다고 생각한다. 시간과 소리가 단일 이미지로 된다지만 아무것도 변한 것은 없다."[40] 평면도와 악보의 관계는 빛으로 다시 해석된다. "빛에 대한 다른 표현. 평면도란? 음악가-건축가, 악보-평면도, 빛 속에서의 공간 구조-본다고, 구조의 오더-들으려고."[41]라든가, "평면도를 볼 때, 그것을 마치 건설construction과 빛에 의한 공간 영역the realm of spaces의 심포니로 보아야 한다."고 말했다.

도면은 표현

도면은 건축을 표현하는 수단이다. 건축의 3대 조건이라고 하는 용用, 미美, 강强에서 용 부분은 평면도, 강 부분은 단면도, 미 부분은 입면도라고 한다. 이 도면들은 전통적으로 건축물을 표현하는 데 없어서는 안 될 중요한 요소다. 평면도는 건축물의 기능과 프로그램을, 단면도는 강도와 구조를, 입면도는 아름다움을 표현하는 것이다. 이렇게 단순하게 분류하면 이해하기에는 쉬울 지 몰라도 문제가 있다.

건축가는 스케치, 평면도, 입면도, 단면도 등 공간 이미지를 표현하는 방법을 가지고 있다. 건축법에서는 평면도, 입면도, 단면도 등 도면을 작성하는 일을 설계라고 한다. 평면도와 단면도는 사람의 눈에는 안 보이는 부분을 잘라서 그린 것이다.

바닥을 그리는 평면도는 바닥을 자른 것이 아니라 벽을 자른 것이다. 실제로 벽으로 둘러싸여 체험하는 공간과 비교하면 평면도는 체험할 수 없는 추상적인 개념을 그린다. 미스 반 데어 로에의 '투겐트하트 주택Vila Tugendhat'을 보면 가구로 사람의 행위를 표현한다. 이 도면에서는 가구나 피아노로 스케일을 짐작할 수 있고, 그것들이 놓인 장소나 방향으로 바닥에서 어떻게 사용되는가를 알 수 있다.

단면도는 벽과 바닥을 자르고 서 있는 사람의 크기와 스케일로 공간에 배열된 바를 보여준다.[42] 평면도가 당연히 기본이 되는 도면이지만 단면도는 구조와 외피를 통해서 평면의 효과를 알게 해준다. 그리고 그 안에는 형태적, 공간적, 구조적, 에너지 관련 기술적인 해결책이 표현되어 있다. 렌초 피아노Renzo Piano는 일본 간사이국제공항Kansai International Airport 여객 터미널 단면도*에 인파를 그려 넣어, 단면상 사람이 자동차로 공항에 도착해 체크인 플로어와 출발 로비를 거쳐 비행기에 탑승하기까지의 동선을 읽을 수 있게 했으며, 내부에 어떤 장소가 있는지 알 수 있게 했다.

시대마다 도면을 그리는 표현 방법이 다르다. 건축가마다 자신이 탐구한 내용에 가장 적절한 관계를 가진 도법으로 건축물을 표현했다. 에콜 데 보자르Ecole des Beaux-Arts는 와트만 종이에 잉크로 커다란 도면을 그리는 경향이 있었다. 사진 기술이 발전함에 따라 건축 도면, 모형 등은 또 다른 건축 표현을 낳았다. 액소노메트릭axonometric[43] 도법*은 19세기 말에 역사가 오귀스트 슈아지Auguste Choisy의 『건축사』에서 건물을 설명하기 위해 사용한 것이 최초였다. 평면, 입면, 단면이라는 세 개의 면을 하나의 그래픽 이미지 속에 넣어 건축의 본질을 비교 분석하여 내부의 공간 구성을 설명하기 위해, 현실에는 존재하지 않는 시점에서 위로 올려다본 그림이다.

액소노메트릭 도법은 20세기에 들어와서, 특히 수평과 수직 구성을 그린 '더 스테일De Stijl'의 테오 판 두스뷔르흐Theo van Doesburg나 르 코르뷔지에와 같은 구성주의자들이 좋아한 도법이었다. 입방체 건물을 인간의 시점에서 원근법을 쓰지 않고 가능한 한 객관적 대상으로서 정직하게 표현한다는 특징이 있다. 또 큐비즘의 직선, 입체, 기하학적 형태의 추상화라는 관심과 일치하였다. 이와 비슷한 작품으로는 우리나라의 〈책가도冊架圖〉가 있다.

건축가 제임스 스털링James Stirling은 1963년에 지은 레스터대학교University of Leicester 공학부와 케임브리지대학교University of Camvridge 역사학부에 이 도법을 적용하였다. 그가 의도한 수직 타워, 건축의 분절, 유리와 벽돌의 관계가 잘 표현되어 있어서 여러 부분에서 액소노메트릭에 의한 정합성이 느껴진다. 형태의 성격을 정직하게 표현하려는 태도로 처음부터 여러 요소를 넣지 않고 전체를 분절하여 표현하는 건축 조형에 이 도법이 효과적이라고 생각했다.

또한 그는 옥스포드대학교 퀸즈컬리지 계획에서 '웜즈 아이 worm's eye, 蟲瞰圖'라는 평면도를 뒤집어 올려다본 그림을 그렸으며, 올리베티Olivetti 본사 계획에서도 마찬가지로 '웜즈 아이'로 내부의 조합을 표현했다. 1964년 뉴욕파New York School 일원이었던 건축가 존 헤이덕John Heijduk은 '다이아몬드 프로젝트Diamond House'에서 정사각형을 45도 기울여 액소노메트릭으로 그린 마름모꼴 평면*을 발표했다. 이는 건축의 3차원적인 성질을 직접 나타내지 않고 외형의 측면이 사라지게 하여 2차원적인 평면의 특징을 강하게 표현했다. 이것을 일명 '입화면vertical projection'이라고 부르고 있다. 그는 마름모꼴을 역전시켜 더욱 2차원에 가까운 새로운 액소노메트릭을 창안하여 사용했다.

3장

건축가라는 사람

건축가는 건축이 누구를 위해 지어지는가를
끊임없이 묻고 공언하는 사람이다.

건축가

건축가는 누구였는가
오래된 직업

건축가는 가장 오래된 직업은 아니지만 아주 오래전부터 있었다. 사람들이 나무나 벽돌로 집을 짓던 시기에는 건축가라는 직업이 없었다. 그러나 돌을 사용하여 집을 짓기 시작했을 때 건축가가 생겨났다. 석조는 목조나 벽돌 구조와 달리 돌을 채굴하고 잘라 가공하고 운반하는 데 고도의 기술과 경험이 필요했다. 건축가는 다른 사람들이 구사하지 못하는 경험과 지식을 독점한 사람들이었다. 때문에 이집트 시대부터 건축은 더욱 쓸모 있고 견고하며 아름답게 '독창적'이어야 했다.

피라미드와 같은 거대한 신전을 세울 때는 천재적인 건축가가 필요했다. 세계 최초의 건축가는 이집트의 임호텝Imhotep이라는 신관神官이라고 말한다. 그는 이집트 제3왕조의 단형 피라미드를 설계한 사람이라고 알려져 있다. 그는 건축가이면서 법학자였고 천문학자이며 마법사였다. 4,600년 전의 일이었다. 문헌에 처음으로 건축가가 나타난 것은 기원전 3000년쯤이다. 터키의 차탈회위크 신석기 유적지Neolithic Site of Çatalhöyük에서 건축 실무에 관한 표현이 그려진 벽화가 발견되었는데, 이때가 기원전 7000년이었다.

고대 그리스 도시 국가가 성립했던 시대, 기원전 5세기경에는 건축가가 독립된 직업이었다. 비트루비우스의 『건축십서』가 나오기 450년 전, 아리스토텔레스는 『형이상학』 첫머리에 건축가가 노무자를 현장에서 지휘하는 모습을 설명하고 있다. '건축가'라는 단어의 그리스 어원인 'arkhitéktōn'은 그 역할로 보아 굳이 번역하자면 '주임건설기사'라고 할 수 있다. 그렇지만 고대 로마시대의 건축가가 정신과 예술을 강조한 이들은 아니었다. "로마시대의 유명한 건축가는 대부분 엔지니어였다는 것에 주목할 필요가 있다."는 영국 건축가 윌리엄 레더비William Lethaby의 말에서도 알 수 있다.

비트루비우스 자신도 기원전 1세기 고대 로마의 건축가이자 기술자였으며, 로마의 급수 공사를 담당하였고 토목 기계나 군용 기계를 설계했다. 그가 아우구스투스Augustus에게 바친『건축십서』는 가장 오래된 건축이론서로 고대건축의 형식이나 재료, 신전, 공공 건물, 주택, 도시계획 등을 논했으며 르네상스 건축가에게 큰 영향을 미쳤다. 중세에는 주로 교회, 시청사를 건설했으나 도시의 타운하우스는 건축가가 아니라 장인과 시민이 협동하여 지은 것이다.

예술가가 된 건축가

르네상스에서는 예술가, 지식인, 전문가적인 의식이 없고 자기가 좋아서 예술을 하는 딜레탕트dilettante 건축가가 나타났다. 그리고 비트루비우스가 말한 건축가상을 따라 그들 건축가architetto는 만능의 천재로 여겨졌다. 당대 인물로는 레오나르도 다 빈치Leonardo da Vinci와 미켈란젤로 부오나로티Michelangelo Buonarroti가 있다. 건축가들은 자기 생각을 건축서로 나타내기 시작했다. 특히 알베르티는 많은 책을 펴냈지만 자신의 건축론은 세상을 떠난 후에야 선보였을 정도로 정성과 노력을 다해 만들었다. 그는 건축가란 "분명한 이론적인 방법과 순서를 가지고 지적이며 정신적으로 계획하고 작품을 만들며, 어떤 것이든지 무게의 이동에 따른 결합 조직을 통하여, 그것을 인간에게 가장 권위가 높은 용도로 바꾸는 데 능통한 사람"[44]이라고 말했다.

세바스티아노 세를리오Sebastiano Serlio도 편리한 자료 집성과 같은 건축서를 펴냈다. 건축가들의 저작 중 자기 작품을 소개하는 본격적인 건축서는 팔라디오의『건축사서I Quattro Libri dell'rchitettura』였다. 이러한 방식은 그 뒤에도 영향을 미쳤는데, 프란체스코 보로미니Francesco Borromini의『오푸스 아르키텍토니쿰Opus Architectonicum』이라는 책이 그가 설계한 성 필리포 네리San Filippo Neri 수도원의 기록을 도면과 함께 간행한 것이다. 건축서라는 형식으로 이론과 자신의 작품을 함께 펴낸다는 것은, 당시 건축가가 독립된 개인으로서 자신의 사상과 실천을 표명하는 직업이었음을 알 수 있게 하는 대목이다.

　설계와 시공을 분리해야 한다고 처음으로 주장한 사람은 알베르티였다. 그는 건축가가 하는 일이 시공자와 다르다며, 건축가는 지시하고 시공자는 그 지시에 따르는 사람이라고 말했다. 르네상스의 건축가는 현장에서 땀을 흘리며 실천하는 중세의 장인과는 달랐다. 건축가는 이론을 아는 지적인 사람이고 정신적으로 결정하는 사람이기 때문이다. 이러한 구별은 건축가의 역할을 분명히 하는 데 중요한 계기가 되었지만, 이로써 건축설계는 시공과 분리되었으며, 자신의 일이 정신적인 것이라는 이유로 건축가는 시공자보다 우월하다고 생각하게 되었다.

　중심이 기술자에서 예술가로 바뀌면서 건축은 점차 예술ars, art의 한 분야로 여겨졌다. "위대한 조각가도 아니고 화가도 아닌 사람은 건축가가 될 수 없다. 조각가도 아니고 화가도 아니라면 그는 건설업자builder다."라는 존 러스킨의 말은 건축이 예술이 되려면 건축가가 되기 이전에 먼저 조각가나 화가가 되어야 한다는 억측을 낳게 했다. 그리고 여기에 근대 제작의 주체가 투영되었다. 건축이라는 행위가 예술 '작품'으로 평가되면서 근대에서는 각자의 개성이 건축가의 명성에 깊이 작용하게 되었다. 오늘날 건축이 기술보다 독자적인 개성을 가진 예술로 평가받는 것에는 근대의 자아라는 흐름이 있었다.

　16세기부터 18세기에는 시민의식이 형성되고 새로운 특권계급이 대두한 지역을 중심으로 건축가가 등장했다. 이 시대는 정치적으로는 절대왕권의 시대였고 도시는 크게 번영했다. 그리고 식민지가 확대되면서 경제정책은 국가가 담당하게 되었다. 국가 수도가 생기고 건축가는 부가 집중된 도시를 건설하는 데 참여했다. 산업혁명이 일어나 땅에 뿌리를 내린 계층 이외에 땅에 기반을 두지 않는 부르주아bourgeoisie와 프롤레타리아트proletariat가 출현했다. 도시는 동산의 대상이 되기 시작했다. 건축주의 계층도 넓어졌다. 위로는 국가로부터 지방자치단체에 이르는 공공 섹터가 있으며, 과거의 귀족을 대신하는 기업가와 금융가 등이 건축주로 등장했다. 또 옛 도시에 살던 시민과는 달리 유동적이며 각종 미디어를 통해 건축에 민감한 관심을 보이는 불특정 다수의 사람들이 나타났다. 그 결과 건축주를 상대하는 오늘날의 건축가상은 크게 달라질 수밖에 없었다.

건축가는 누구인가
짓지 않는 사람

건축가의 일이란 새로운 구축물을 지을 때, 그것이 어떤 것이며 어떤 모양을 하고 있는가를 구체적인 이미지로 보여주는 것이다. 건축가는 건물을 구상하는 사람이지, 먼저 제안하는 사람이 아니며 자기 노동으로 건설에 참여하는 사람도 아니다. 벽돌을 사용하여 특정 모양으로 구현하라고 지시할지언정, 구매 비용을 대거나 벽돌을 짊어지고 와서 실제로 벽을 쌓는 노동을 하지 않는다.

"건축가는 다른 사람이 연주할 음악을 작곡한다. 더구나 건축을 온전히 이해하려면, 그것을 연주할 사람이 다른 악보를 해석하고 특정한 악절로 나누며 작품을 강조할 정도로 민감한 음악가가 아니라는 것을 기억해야 한다. 반면 집을 연주하는 수많은 이는 다 함께 집을 짓는 개미들처럼 특별히 재주를 드러내지 않고 자신을 건물에 바친다. 이들은 종종 창작하는 일을 돕고 있음을 알아채지 못한다. 건축가는 이들 뒤에서 일을 조직한다. 그러므로 건축은 조직의 예술이라고 불러야 마땅하다."[45] 학교에서는 대체로 건축가가 무엇을 하는 사람인지를 말할 때 이와 같은 건축가상을 떠올릴 것이다. 실무를 하는 건축가들도 마찬가지일 것이다. 그러나 늘 이렇게 생각해야만 하는지 자문해봐야 할지 모르겠다.

12세기 후반 격언집을 보면 건축가[*]는 대단한 직업임에 틀림이 없다. "건축가가 낮은 사람이라면 숭고한 건축물은 결코 만들 수 없을 것입니다." 왕이 수도원장에게 건축가를 소개하도록 요청할 때, 건축가가 어떤 사람이어야 하는지 왕에게 고하며 하는 말이다. 벌써 1,000년 전의 일이다. 지금 이 시대는 건축가를 어떻게 소개하는가?

그런데 르네상스 시대부터 사정이 달라졌다. 알베르티는 이렇게 말했다. "건축가는 설계를 부탁 받으려고 안이하게 아이디어를 발설하지 마라. 도둑질 당하기 쉽다. 크게 마음을 써서 평소 귀인이나 유명한 사람과 친하게 지내두어라. 그것만으로 유리해진다. 설계 의뢰를 받으면 건물이 지어질 대지 가까운 곳에 평이 좋은 건물을 조사해라. 그것보다 좋게 보이는 것이 중요하다. 재료는 조금이라도 좋은 것을 써라. 그렇게 해야 멋있게 보인다. 현장 감독은 하지 마라. 시공이 실패한 것에 책임지지 않는 것이 좋다."[46] 그가 말하는 이 시대 건축가는 앞서 수도원장이 왕에게 간언하는 태도와는 건축주를 대하는 자세가 크게 다르다.

그래도 근대건축가 아돌프 로스는 건축가를 조금 멋있게 표현한다. 그는 호숫가에 농부가 지은 집의 아름다움을 칭찬하고는 특별한 사람이 건축가가 되는 것이 아니라고 했다. "좋은 건축도 급이 낮은 건축도 없다. 신 앞에서 건축가는 모두 똑같다." 다만 허위 가득한 도시에서 쓸데없이 사소한 차이를 만들고 있는 자는 건축가라 말할 수 없다고 비판한다. 그리고는 "건축가란 라틴어를 배운 석공石工이다.An architect is a mason who has learned Latin."라고 간단히 정의한다. 하지만 조건이 붙는다. 건축가가 석공이라면, 건축에 관한 고전적인 교육의 원천을 알아야 하는 석공이다. 이는『건축십서』에 나온 'arkhitéktōn'을 그대로 말한 것이다.

그렇지만 건축가가 되고자 건축 공부를 시작한 저학년 학생들이 들으면 낙담하게 될 말도 있다. 앰브로즈 비어스Ambrose Bierce가 쓴『악마의 사전The Devil's Dictionary』에서는 건축가를 "당신 집의 평면도를 그리고 당신의 돈으로 설계 도면을 계획하는 사람Architect: n. One who drafts a plan of your house, and plans a draft of your money."으로 말한다. 염세적인 이에게는 건축가가 건축주의 돈으로 설계 도면을 계획하는 사람 정도로 보일 것이다.

조정하는 사람

여러 주장에도 영국의 신고전주의 건축가 존 손John Soane의 말은 오늘날 건축가가 무엇을 하는 사람인지 정확하게 알려준다. "건축가의 업무란 설계안과 적산積算을 만들고, 시공을 감리하며, 다른 부분을 측량하고 감정하는 것이다. 건축주와 장인의 중재자로서 건축주의 명예와 이익을 고려하는 한편, 장인의 권리도 옹호해야 한다. 따라서 건축가의 입장은 신용을 전제로 한다. 피고용인의 과실, 태만, 무지에 대한 책임을 져야 하고, 무엇보다 장인의 청구서가 건축가 스스로 계산한 견적을 넘지 않도록 주의해야 한다. 이것이 건축가의 의무라면, 어떤 방식으로 건축가와 시공자 또는 청부업자의 입장을 통합할 수 있을까?"[47] 존 손은 건축가란 사회와 유리된 예술가가 아니라고 보았다.

건축주는 어떤 목적을 위해 건물을 세우기로 한 사람이다. 그는 예산과 프로그램을 정리하고, 건축가를 찾아와 설계를 부탁한다. 그러면 건축가는 프로그램을 전문적으로 재해석하고 건물의 기능을 정리하여 계획을 세운다. 안전하고 쾌적한 건물이 실현될 수 있는 구조와 설비 시스템을 생각하고, 디자인과 예산을 고려하여 구체적인 설계 도면을 시공자에게 건네면, 시공자는 설계 도면에 따라 건물을 완성한다. 건축은 건물을 계획하고 설계하며 시공하는 과정이자 생산물이다. 건축 작품은 건물의 물질 형태로 나타난다. 이 과정에서 건물을 짓는 게 아니라 설계 도면을 작성하는 것이 건축가의 일이다.

건축가는 사람을 감싸는 공간을 설계하는 사람이다. 실제로 완성되기까지 건물의 구체적인 모습을 구상하고 검토하며, 전문가나 관계자들과 토론하고 이해를 구한다. 건축가란 건축주의 의향을 파악하고 건축 도면으로 그 의향을 구체화하는 전문가다. 건축가는 건축주와 시공자 사이 제3자 입장에서 그린 도면을 통해 이해를 조정하는 역할을 한다. 건축가는 건축주에게 고용된 대리인으로 의뢰인의 이익을 옹호하는 변호사와 비슷하다.

건축은 여러 사람의 것이다. 건축물을 짓겠다는 생각을 꺼

낸 사람, 건축가라는 이름으로 짓는 방식과 생각을 대신 결정해주는 사람, 건축물이 실재하도록 기술적 지원을 통해 실현해주는 사람, 그곳에서 거주하거나 이용하는 사람, 아니면 그 옆을 늘 지나다니며 자신의 생활공간으로 여기는 사람, 건축물을 유지하느라 애쓰는 사람, 또 시간이 지난 뒤 건축물을 보존하고자 노력하는 사람, 심지어는 수명이 다한 건축물을 철거하는 사람 모두가 건축을 한다. 설계하거나 시공하는 사람만이 건축하는 사람이 아니다.

건축가는 이 모든 과정을 총괄하는 자부심을 가질 수 있다. 다만 수많은 조력자와 전문가 그리고 장인과 건설 노동자의 도움으로 얻은 자부심이다. 건축가 특정 건축물을 자신이 세운 건물이라고 하는 것은 잘못된 표현이다. 건물은 건축주가 세우자고 한 것이고, 시공자와 무명의 노무자들 때로는 행정적으로 지원해준 공무원이 실제로 건물을 올린 것이지, 건축가가 직접 만든 것이 아니다. 그는 건물의 모습을 생각해서 실재하도록 했을 뿐이다. 이렇듯 간단한 사실을 인식하지 못한 채, 건축가만이 건축하는 사람이라고 말해서는 안 된다.

다재다능한 사람

다재다능한 건축가상은 오늘날에도 건축가의 이상적인 모습이다. 근대의 건축가상도 물질세계를 창조하는 신神 데미우르고스 Dēmiourgos와 닮았다. 당시에는 건축가를 이상 도시를 설계하고 건축과 도시로써 사회를 개혁하는 사람이라고 자부했다. 그러나 건축가란 건축의 다른 분야와 구별하여 존재하는 것이 아님을 역설한 이도 있다. 영국의 구조전문가이자 공학자인 오브 아럽Ove Arup은 "엔지니어와 적산 전문인이 미학을 논의하고 건축가가 크레인 조작을 연구할 때 우리는 바른 길에 있는 것"이라고 말했다. 이는 지나치게 미학을 중시하고 공학을 멀리하는 오늘날의 건축가상에 대한 비판이 아니라, 그만큼 건축가가 갖추어야 할 전체성과 종합적인 능력을 잃고 있다는 지적이다.

의사들도 자신의 직능職能을 늘 반성하고 검토한다. 그들은 오늘날 병든 장기뿐 아니라 환자의 신체와 심리, 사회적이고 환경적인 상태를 함께 바라보려 한다. 의사가 한 인간의 실존성을 종합적으로 바라보고 진단해야 하는 것이다. 이는 건축가도 마찬가지다. 기능적으로나 기술적으로 복잡해진 현대사회에서 건축에도 세분화된 전문 분야가 생겼으나, 본래부터 건축설계는 종합성을 구축하는 데 그 목적이 있었다. 그래서 건축가는 건축 생산 전반에 걸쳐 종합적인 지식으로 문제를 해결하는 능력을 갖추고 있었다. 그리고 이제 지구환경에서 경제 위기까지 인간 사회를 둘러싼 모든 사실과 현상에 관계하며 인간의 실존을 더욱 종합적으로 바라보아야 할 때가 되었다. 건축가는 역사적으로 각 시대마다 기술자, 장인, 예술가, 조직자, 계몽가, 이데올로그idéologues 등으로 나타났다. 따라서 오늘날의 건축가상은 그중 어느 하나가 아니며 여러 역할이 집약된다.

21세기는 도시 안에 저장된 건물을 재활용하는 스토크의 시대다. 이제 부수고 세우는scrap and build 시대는 저물고 있다. 부수고 다시 짓기보다는, 가능하다면 기존의 자산을 다시 활용해야 한다. 이와 함께 기획, 설계, 시공, 유지 관리라는 건물의 생애 주기에 맞는 건축 영역이 확대되고 있으며, 서로 다른 분야와 업종이 공간의 기술로 통합되고 있다. 이렇게 변화하는 사회에서는 예전과 다르게 건축이 건축주 개인의 이익만을 추구하는 것이 아니라 사회에도 깊은 영향을 미친다. 결국 건축가는 건축주만이 아니라 사회에 대한 책임도 함께 갖는다. 따라서 오늘날의 건축가는 단지 설계 발주자의 대리인을 넘어서, 설계한 건물이 서는 도시에 대해 책임질뿐 아니라, 지구환경에 대해서도 배려하지 않으면 안 된다.

건축가의 공부

기원전 5세기 고대 그리스의 철학자 플라톤은 젊은이를 향해 이렇게 말했다. "네가 만일 건축이나 도시의 설계자가 되려고 한다면 먼저 폭넓은 교양을 갖추도록 하라. 왜냐하면 여러 예술가 중에서도 건축가는 가장 넓은 지식과 능력을 필요로 하기 때문이다."

이는 오늘날에도 그대로 적용된다. 건축을 구조라는 측면에서 바라보면 구조적인 문제가 있고, 장소에 대하여 생각하면 하이데거의 사상이 나오며, 역사와 문화를 다루면 판테온Pantheon과 팔라디오가 나온다. 또 건축에는 경제적인 측면이 있으므로, 효율적인 공사비와 부동산적인 가치 등에 대해서도 잘 알고 있어야 한다.

기원전 1세기 고대 로마의 건축가였던 비트루비우스의『건축십서』제1서 제1장은 건축가가 지녀야 할 지식을 설명하는 것에서 시작한다. 더구나 이 설명은 아주 길다. "건축가의 지식은 많은 학문과 다양한 교양을 갖추고, 이 지식의 판단에서 비롯된 다른 기술로 만들어진 작품도 모두 음미된다. …… 건축가는 문장의 학문을 이해하고, 그림에 숙달해야 하며, 기하학에 정통하고, 역사에 대해 많은 것을 알며, 철학자의 말에 귀 기울이려 노력하며, 음악을 이해하고, 의술을 몰라서는 안 되고, 법률가가 논하는 바를 알아야 하고, 별과 천체 이론에 관한 지식을 지닌 사람이다." 게다가 건축가는 해시계를 비롯해 각종 기계도 만들 수 있어야 했다. 비트루비우스는 책에서 건축가를 다양한 지식을 실천하는 인물로 설명하는데, 건축가가 배우고 알아야 할 분야를 이토록 넓게 설명한 사람은 아마 없을 것이다.

그러나 필요한 지식을 나열하는 데 그치지 않고 왜 이런 지식을 갖추어야 하는지도 설명한다. 이를테면 건축가가 역사를 배우는 이유는 여러 장식과 장치를 왜, 어떻게 만들었는지 물으면 답할 수 있어야 하기 때문이고, 철학을 배우는 이유는 오만하지 않고 평등하며 성실하게 사고할 수 있어야 하기 때문이라는 것이다. 의술은 건강하거나 건강하지 못한 공기와 토지, 물을 이용하기 위해서고, 별과 천체 이론은 동서남북, 춘분추분, 별의 운행을 알고 시계를 만들기 위해서다. 다시 말해 건축에는 지나간 시간이 담겨야 하고, 인간과 자연이 바라는 바를 정확히 논리적으로 표현해야 하며, 환경에 대한 폭넓고 깊은 지식이 있어야 한다.

건축가가 이 많은 지식과 교양을 갖추어야 한다는 것을 과연 어떻게 이해해야 할까?『건축십서』의 도입부는 오늘날에도 다시 음미해볼 필요가 있다. 비트루비우스는 건축가가 갖추어야 할 소양으로 글쓰기, 그림 그리기, 기하학, 광학, 수학, 역사, 철학, 음악, 의학, 법학, 천문학 등을 들고 있다. 글쓰기는 메모하여 확실하게 기억하기 위해, 그림 그리기는 만들고 싶은 작품의 모습을 구체적으로 나타내기 위해, 기하학은 자와 컴퍼스를 활용하여 대지에 도형을 설정하기 위해, 광학은 건물 안에 빛이 올바르게 들어오도록 하기 위해, 수학은 건설비를 잘 계산하기 위해, 역사는 장식물에 얽힌 내력을 잘 알기 위해, 철학은 올바르고 겸손한 마음과 성실함을 배우기 위해, 음악은 수학적인 비례와 좋은 음향을 설계하기 위해, 의학은 건강한 공기와 토지와 물을 이용하기 위해, 법학은 벽을 공유한 집 사이에 분쟁 없이 계약서를 바로 쓰기 위해, 천문학은 방위와 하늘의 움직임, 계절의 변화를 알기 위해서였다.

언뜻 보면 대단한 지식을 갖추어야 하는 것처럼 들리지만, 이는 건축학 교육 내용과도 일치한다. 오늘날에도 건축을 공부하면서 구조와 설비를 익히고, 철학이나 경제를 배우며, 환경, 역사, 사회학, 심리학 등을 복합적으로 고찰한다. 현시대의 언어로 바꾸어 말하면 다음과 같다. 글쓰기는 건축주가 요구하는 바를 정확히 이해하고 다른 사람과 커뮤니케이션하는 데 도움이 되고, 그림 그리기는 표현 기법의 일종으로 스케치와 매체를 이용하는 기술이다. 기하학은 건축 도학의 이해와 제도 능력을 기르기 위해, 광학은 채광 등의 환경공학 원론을 배우기 위해, 수학은 공사비 견적 계산과 같은 시공과 경영을 위해, 역사는 건축물이 공동체에 기억과 의미와 상징을 전달하기 위해, 철학은 건축가의 품위와 윤리라는 전문가로서의 사회적 책임을 다하기 위해, 음악은 부분과 전체를 정확하게 구성하는 방법을 터득하기 위해, 법학은 건축의 공공성과 합의 조건을 확보하기 위한 제반 법규를 이해하는 데 필요하다. 특히 의학이 신체에서 시작하는 건강한 환경을 건물 주변에서 확보하기 위한 것이라면, 천문학은 이보다 큰 범위에서 고려해야 할 지역적이며 광역적인 환경을 확보하기 위한 것이다.

건축은 과연 무엇을 할 수 있기에 이토록 다양한 지식과 연결된 것일까? 건축이 이 모든 요소를 더해 완성된다기보다는, 건축을 바라보는 시선이 다양하고 복잡하다는 뜻이다. 또 이렇게 건축가가 광범위한 지식을 보유해야 한다는 것은 바꾸어 말하면, 반드시 이래야 한다는 정답이 없다는 것이다. 어느 한 가지 측면만을 강조하면 건축이 가져야 할 다면적인 성격을 크게 놓치며, 많은 분야가 건축에서 교차하고 있다는 뜻이다. 그러나 이렇게 긍정적으로만 말할 수도 없다. 사실 건축가는 이 지식을 다 알지 못한다. 어쩌면 건축의 지식이란 고상한 잡학일지도 모른다.

건축가에게 요구되는 역할은 미래를 사람이나 기술과 어떻게 결합하는가에 있다. 건축가는 일상생활과 합치되고 그로부터 가치를 얻는다. 생활을 얼마나 의미 있고 풍부하게 만들어낼 수 있는가는 그의 직능적 책임이다. 건축가만큼 일상생활과 함께 기술을 응용하고 사람의 마음을 읽고자 하는 직업이 있을까? 의사는 환자의 사적인 생활에 관심을 두지 않으며, 변호사는 의뢰인의 일상을 풍요롭게 하고자 법률을 공부하는 것이 아니다.

건축이란 사람이 필요로 하는 것이고, 사람이 사용하며, 어쩌면 평생 함께하게 된다. 최종적으로는 기계가 아닌 사람의 손이 완성하는 것이기 때문이다. 이는 인문학을 염두에 둔 설명이 아니니 오해가 없길 바란다. 인문학이 아무리 중요해도 건축의 이런 역할을 대신할 수 없다. 건축이 배움만을 필요로 한다는 것이 아니고, 건축이 대하는 분야가 그만큼 광범위하다는 뜻이다. 건축은 인문학이 아니다. 건축은 '공학적 인간학'이다.

국가 자격의 건축가

아카데미 조직은 건축가에게 여타 예술가들처럼 자기 예술을 국가에 인식시키는 장이었다. 그곳에서 교수가 뽑으면 그들은 각자의 건축관을 강의했다. 아카데미에 뽑혔다는 것은 예술가인 건축가에게 가장 큰 영예였다. 예술에 관한 건축 교육의 장으로는 에콜 데 보자르가 유명한데, 기본적으로 로마대상Grand Prix de Rome을 축으로 한다. 그러나 예술은 자격이 아니다. 천재 한 명이 나타나면 범재 몇백 명도 당해낼 수 없을 때가 있다.

한편 1867년 에콜 드 보자르에 디플로마diploma라는 졸업 제도가 생겼다. 로마대상 제도는 콩쿠르이고 예술가인 건축가를 대변하는 것이지만, 디플로마 제도는 시험이자 자격으로 직능인을 나타낸 것이었다. 예술이라는 불확실한 재능을 더 많은 사람에게 봉사하도록 사회에서 통용한다고 인정하는 제도였다. 물론 당시에는 이 제도의 시행에 반대가 거셌다. 건축은 예술이며, 자격시험으로 제도화되어야 할 직능이 아니라는 이유에서다.

유럽에서는 19세기부터 건축가에 대한 정의와 제도가 확립되었으며, 시민사회에서 그 위치가 분명했다. 건축가들의 단체는 설계자의 능력과 행동을 사회와 발주자에게 보증하기 위해 만들어졌다. 사회에 대하여 보증하는 설계자를 건축 전문가로서 건축가architect라 부르고, 그 단체를 건축가협회라고 했다.

건축설계를 전문으로 하는 사람을 부르는 명칭에는 건축가建築家와 건축사建築士가 있다. 우리나라와 일본에서는 영어의 'architect'를 번역하면서 크게 건축가와 건축사로 나누었다. 건축가는 건축에 대한 전문 지식이나 기술로 건축물을 설계하는 사람을 통칭하는 용어다. 건축사는 건축사법에 따른 건축사자격시험에 합격하여 건축사 자격증을 교부받은 배타적 자격을 가진 사람을 말한다. 따라서 건축사는 당연히 건축가이지만 건축가라고 해서 건축사가 될 수 있는 것은 아니다. 설계한 책임을 물을 때는 건축설계자가 되고 감리의 책임을 물을 때는 공사감리자가 된다.

그러던 건축가가 오늘에 와서는 실제로 건물을 짓는 일에서 물러나 있다. 공공 건축물에서 설계와 감리는 분리되고, 이는 소규모 건축물로까지 확대하여 적용될 형편이다. 건축사법이 정하는 건축사는 국가에서 시행하는 자격시험에 합격한 사람으로서 건축물의 설계와 공사 감리 등을 수행하는 사람을 말한다. 그리고 건축사가 하는 설계란 "도면, 구조 계획서, 공사 설계 설명서, 그 밖에 국토교통부령으로 정하는 공사에 필요한 서류를 작성하는 행위"로 정의한다. 요약하면, 공사에 필요한 도면 등 서류를 작성하고, 건축물 등이 설계서의 내용대로 시공되는지 확인하는 작업이다. 다만 자신이 설계한 건축물을 확인할 수 없고, 대신 다른 건축사가 공사를 확인할 수 있다. 다양한 교양을 갖추고 건설 현장 전체를 책임지며 통솔하는 이전의 건축가상과는 거리가 멀다.

다만 건축가처럼 국가 자격이 있는 의사나 변호사는 그들이 무엇을 하는 사람들인가 하는 역할이 분명한 반면, 건축가의 경우 이미 건축가인 사람이 말하는 것과 건축가가 아닌 사람이 말하는 것의 차이가 매우 크다. 대다수가 그들이 기대하는 바대로 비가 새지 않고 튼튼하며 사용하기 편리하면서 경제적인 건물을 지어주는 사람으로 이해하고 있다.

일반적으로 건축가를 이렇게 정의한다그러나 대한건축사협회에서는 이 문장의 'architect'를 건축사로 번역한다. "건축가의 명칭은 직능적으로나 학문적으로 자격을 갖추었으며, 일반적으로 교육이 인증되고 자격을 취득하고 등록하여 관할 지역에서 실무하며, 정당하고 지속 가능한 발전, 복지 및 공간, 형태, 역사적 문맥으로 사회의 관습에 대한 문화적 표현을 지지할 책임이 있는 사람에게 일반적으로 법과 관습에 의해 주어진다."[48]

건축가라 부르든 건축사라 부르든, architect라는 명칭을 받는 조건은 까다롭다. 첫째, 직능적으로professionally, 이론적으로 또는 학문적으로academically 자격이 있어야qualified 한다. 이때 'qualified'는 '무엇에 대한 지식·기술 등을 갖춰 자격이 있다'는 뜻이다. 직능과 이론은 자격증으로 구분할 수 있는 것이 아니다. 둘째, 인증된 교육기관에서 수료하고 자격시험을 보아 합격하여 등록하고 실무를 해야 한다. 셋째, 건축가건축사에게는 책임이 주어진다is responsible for. 정당하고 지속 가능하게 발전시키는 것, 복지, 공간, 형태, 역사적 문맥으로 사회의 관습을 문화적으로 표현하는 것 등이다. 넷째, 그 명칭이 법으로나 관습으로 주어지는데 반드시 그래야 하는 것이 아니라 일반적으로generally 그렇다는 말이다.

그러나 자격시험에 합격하는 것만이 건축가건축사가 아니다. 우리는 지나치게 주로 '학문적으로'라는 부분만 말하고 있다. 이

정의에서 가장 먼저 말하는 것이 직능적으로 자격이 있는지 여부다. 그리고 두 번째로 강조하는 것이 건축가로서 충분히 이론적으로 자격이 있는가다. 따라서 충분한 이론을 갖추지 않은 사람에게는 건축가건축사의 칭호가 주어지지 않는다. 앞서 언급한 부분을 사회에서 잘 이루어지도록 해야 할 책임이 있다. 이것이 제대로 이루어지지 않으면 아무리 시험에 합격하고 면허가 주어졌어도 스스로 건축가건축사의 명칭을 사용해서는 안 된다는 뜻이다. 그 명칭은 법으로 주어지거나 관습으로도 주어질 수 있다.

직능인

직능인이 된 이유

건축가는 기술자이자 예술가이고 건축설계라는 직능을 수행하는 직능인professional이다. 그 가운데 예술가로서의 존재는 가장 일찍 제도화되었다. 19세기 초에는 건축가를 근대적 직능인으로 정립시키고자 한 움직임이 시류였다. 1806년 런던 건축협회Architectural Association가 생기고, 1831년에 건축협회가 조직되었다. 이 두 단체가 합쳐져 1834년 영국건축가협회IBA, Institute of British Architect in London가 되었으며, 1866년에 '왕립royal'이라는 칭호가 주어지며 영국왕립건축가협회RIBA로서 지금에 이르게 되었다. 이러한 움직임에 힘입어 건축가의 조형적 재능을 채택하기보다 공인된 건축가를 중시하는 방향으로 흘러갔다. 당시 건축가의 주류는 완전히 직능형 건축가였으며, 예술가형 건축가는 직능형의 필요조건을 만족한 다음 추가적인 조건을 더한 경우였다.

　　19세기 중반부터 또 다른 비전이 나타났다. 건축에서 구현된 사상을 이르는 이데올로그[49]다. 이데올로그란 역사적, 계급적 입장을 대표하는 이론적 지도자를 말했다. 이데올로그 건축가는 건축을 단지 실무로만 생각하지 않고 하나의 운동을 형성하는 입장에 섰다. 오늘날 우리는 '건축가'에서 건축양식사가 아니라 건축

운동사, 건축 집단의 역사와 같은 이미지를 떠올리는데, 이때 등장하는 인물은 거의 대부분 예술가형을 넘어서 세계관을 뒷받침하는 새로운 조형을 제시한 건축의 이데올로그들이었다. 이러한 움직임은 '양식'이 사회적인 합의를 잃자 건축가들이 예술적 창의를 전면에 들고 나온 것과 깊은 관계가 있다.[50] 르네상스와 신고전주의가 이상을 찾은 것처럼, 19세기 리바이벌리즘Revivalism 양식이란 사회의 이상을 회복하고자 한 시도였다. 따라서 이 양식을 추구한 당시 건축가들은 예술가형 건축가여야 했다. 건축가들이 직능인으로 객관적인 존재를 증명한다는 것은 과거에서가 아닌 현재와 미래에 개인의 예술적 창의를 찾는 일이었으며, 이는 단지 생업의 문제가 아니라 건축관의 문제였다. 그러나 개인의 예술적 창의를 사회가 믿어주지 않았으므로 직능 단체를 만들어 조직 안에서 건축가의 자립성과 활동을 사회에 증명해야 했다.

건축가는 사람들의 생활공간을 만들기 위해 설계를 전문으로 하는 예술가 또는 기술자로서 사회를 지탱하는 기본적인 직능이 있는 사람이다. 이는 건설공사를 전문으로 하는 기술자와는 구별된 설계만 하는 예술가이며, 설계한 건축물이 사회적으로 중요하다는 점에서 사회적 위치와 그에 따른 책임과 존경을 받는 직능으로 인식되어 왔다. 이때 건축가란 영리를 목적으로 하지 않고 전문적인 능력으로 사회에 봉사하는 직업이며, 회사나 관청 등 조직에 속하지 않고 자기 판단과 책임으로 행동할 수 있는 자립한 개인이어야 했다.

건축가는 유럽에서 의사, 변호사와 함께 사회에 봉사하는 세 개의 기본적인 직능에 속했다. 영리를 목적으로 하지 않는 자기 전문 능력으로, 사회에 봉사하는 개인으로서 존경을 받는 것이 사회 통념상 존재했기 때문이다. 그런데도 일반적으로 직능을 직업과 같은 것으로 이해하고 있어서 건축가의 직능을 확립한다는 본래 의미를 전문가들도 잘 모르고 있다. 건축가를 양성하는 건축학과에서도 이 직능의 문제를 가르치지 않는다.[51]

공언하는 사람

건축가 단체의 첫 번째 목표는 건축가의 직능을 확립하는 것이다. 직능은 영어로 'profession'이다. 직능은 직무를 수행하는 능력 또는 직업이나 직무에 따른 고유한 기능이나 역할을 말한다. 다음은 국제건축가연맹UIA, Union Internationale des Architectes이 말하는 건축가 정의의 앞부분이다. "The designation 'architect' is generally reserved by law or custom to a person who is professionally and academically qualified and ……." 우리나라는 이것을 "전문적으로나 학문적으로 자격을 받고……"로 번역하나 이는 "직능적으로나 학문적으로 자격을 받고……"를 잘못 번역한 것이다. 건축가의 'profession' 또는 'professional'의 본뜻을 잘 파악하지 못하고 이 정의를 통용하고 있다.

어쩌면 더 잘 통용되는 말은 '프로페셔널professional'이다. 이는 "어떤 일을 전문으로 하거나 그런 지식이나 기술을 가진 사람"이다. 줄여서 '프로'라고 부르는데, 전문적 기술로 금전적 수입을 얻는 직업을 말한다. 영영사전에서 'profession'을 1. 종교 공동체의 서약 행위 2. 공언, 고백, 선언 3. 특별한 지식과 긴 기간 집중적인 공부를 요하는 직업으로 풀이하는 것과는 달리, 영한사전에는 1. 특히 많은 교육이 필요한 전문적인 직업 2. 특정 직종 종사자들 3. 의사·변호사 같은 전통적인 전문직 4. 공언, 천명, 고백으로 되어 있다. 곧 영영사전에서는 '서약, 공언, 고백, 선언'이 먼저이고, 영한사전에서는 '직업'이 먼저다. 이로써 우리나라가 어디에 더 비중을 두고 있는지 알 수 있다.

직업적으로 돈을 벌기 위해 개인이 하는 일을 'occupation'이라 하고, 천직天職은 'vocation'이라 한다. 전문가라도 가치 지향이나 지식의 특정한 목표가 문제에 집중된 전문가는 'specialist'이고, 어떤 일에 대해 상세하지만 그것이 자기가 하고 있는 일과 관계없는 경우에는 'expert'라 한다.

그런데 국제건축가연맹에서 건축가건축사를 정의할 때 'professionally'라는 단어는 매우 중요하다. 문장상 필요해서 넣은 것이 아니라, 비트루비우스가 제1서 제1장에서 말한 "공언公言하는 profiteatur, profess"을 중요하게 여기고 그것을 받아 적은 것이다. "그러기 위해서 스스로 건축가라고 공언하는 자는 두 방향에 정통해야 한다고 생각된다.It appears, then, that those who profess themselves architects should be well versed in both direction.(Quare videtur utraque parte exercitatus esse debere, qui se architectum profiteatur.)" 여기에서 두 방향이란 '의미를 주는 것이론'과 '의미를 받는 것제작'이다. 이 두 가지 영역은 건축가가 가져야 할 지식이다.

비트루비우스는 건축이란 무엇인가 대신 건축가가 갖추어야 할 지식을 먼저 말했다. 그 광범위한 지식이 곧 건축가가 무엇하는 사람인지를 말해주었다. 그는 건축사 시험이 없던 고대 로마제국 시대에 건축가에게 필요한 단 두 가지 조건을 말했다. 하나는 이러한 지식 위에 이론을 가지고 책임을 지고 공공 건물을 설계하고 짓는 자라고 '공언하는' 것이다. 그리고 다른 하나는 '두 방향'에서 얻은 지식과 실무다. 그래서 연맹이 건축가건축사의 정의에 두 번째로 'academically'를 적은 것이다. 비트루비우스의 문장 "Who is professionally and academically qualified"를 그대로 번역하면, "건축가라고 공언하는professionally 자는 이론적으로 academically 정통해야 한다is qualified고 생각된다."가 옳다.

그러나 건축가에게 'profession'을 사용하는 것은 마치 자신의 생애를 교회에 바친다고 서약하고 선언하듯이, 사회에 봉사할 수 있는 전문 지식이나 기능技能이 무엇인지 분명히 공언한 사람, 곧 전문 학자교수, professor나 기술자를 가리키는 말이다. 보통 사람은 갖지 못한 고도의 기능을 보유한 사람의 직업이기에 그만큼 드물다. 그래서 유럽에서는 의사협회, 변호사협회, 건축사협회 측에서 전문 교육기관을 설립하고 전문가로 인정받기 위한 조건을 정하여 전문 지식만이 아니라 직능의 윤리를 지키도록 한다. 따라서 건축가는 사회가 요구하는 소중한 역할을 수행하는 전문가로서 특별한 능력을 올바르게 사용한다는 자각을 가져야 한다.

건축가의 직능이 무엇인지를 가르치는 것은 '건축은 누구를 위해 지어지는가?'라는 근본적인 명제와 같다. 이때 크게 세 가지 측면이 건축가의 직능과 직접 관계한다. 첫 번째는 건축가가 건축과 도시를 둘러싼 자연환경과 경관의 중요성을 분명히 인식하지 않고는 건축과 도시의 건설이 있을 수 없다는 것이다. 지역의 역사나 경관을 완성한 환경의 가치를 인식하고, 지금 곁에 있는 것을 보존하고 재생하는 일을 사회와 협력하여 이를 실천할 의무가 있다. 만일 이것이 미약하거나 실패한다면 그 책임의 많은 부분이 건축가에게 있음을 인식하는 것도 건축가의 직능이다. 두 번째는 건축설계 업무가 지니는 사회적이며 공익적 역할을 이해하고 실천하는 것이다. 또한 건축가의 역할만 강조하기보다 그와 협력하는 건축 전문가와 기술자가 함께하는 공동의 역할과 책임, 의무를 인식해야 한다. 세 번째는 앞으로의 인구 감소, 저출산 고령화 등 사회구조의 변화 속에서 건축이 어떻게 존재해야 하는가를 앞서 보여주고 이를 실천하는 것이다. 전문적 직능인으로서 건축가는 '건축은 누구를 위해 지어지는가?'를 묻고 공언하는 사람이다.

짓고 생각하는 건축가

"모든 것이 공간적이다." 건축가라면 미셸 푸코Michel Foucault의 이 말에 동의할 것이다. 건축가는 공간을 다루며 공간의 전문가이기에 공간이 건축가의 것이라고 여기기 때문이다. 그런데 그가 "모든 것이 공간적"이라고 한 표현은, 공간은 권력이며 권력이 공간에 기반을 둔다는 것을 말하기 위함이었다. 이를 뒷받침하는 근거로 그는 전국을 잇는 철도를 든다. 철도는 전국 각지를 이을 뿐 아니라 공간과 권력을 이어주는 매개라고 설명한다.

그의 설명에 기대했던 건축은 나오지 않는다. 오히려 반대로 이렇게 말한다. "공간에 대해 생각했던 사람들은 결코 건축가가 아니었다. 프랑스 최초의 그랑제콜Grandes Écoles인 에콜 폴리테크니크École Polytechnique 출신을 비롯해 공간 기술자와 교량과 가로, 철도의 건설자였다."[52] 푸코는 건축가는 공간에 대한 전문가가 아니며, 19세기부터 나타난 영토, 소통, 속도라는 세 가지 변수는 건축가의 영역에서 벗어나므로 이를 다룰 만한 적임자가 아니라고 말했다. 오히려 건축가는 수동적이었다고 했다. 푸코는 장바티스테 앙드레 고댕Jean-Baptiste André Godin의 '파밀리스테르Familistère'를 예로 들었다. 건축가가 공장과 공동 주택을 중심으로 한 협동조합 복합체인 파밀리스테르와 같은 유토피아를 기획하여 소비와 공간 점유를 합리화하는 일에 전념했다고 비판한다. 따라서 푸코가 보기에 건축가는 공간과 권력의 관계를 합리화한 기술자일 뿐이다. 파밀리스테르는 과거의 한 사례를 넘어, 자본이 공간을 주도하여 이질적인 것을 동질적인 것으로 바꾸고 도시 공간을 파편화하는 흐름의 대명사다. "결국 건축가는 내게 아무런 권력도 행사하지 않는다는 뜻이다. 내가 만일 집을 헐어버리거나 개조하고자 한다면 그가 나를 위해 집을 지어준다. 새로운 칸막이를 설치하고 굴뚝을 덧붙일 뿐, 건축가는 나를 통제하려 들지 않는다. 그러므로 건축가는 다른 범주에 위치시켜야 한다."[53] 이 지적에서 '나'를 건축주 또는 사회로 바꾸면, 건축가는 건축주에게 아무런 권력도 행사하지 않으며 건축주가 주문하는 대로 그를 위해 집을 지어주지만 건축주에 대해 행동하지 않는다는 뜻이 된다.

건축주가 생각하면, 건축가는 제작한다. 따라서 건축을 생각하는 자가 따로 있고 짓는 자가 따로 있다. 이에 대해 철학자 한나 아렌트Hanna Arendt는 행위 영역에서 아는 것생각하는 것과 행위짓는 것가 무관하여 구별되지 않는다고 말한다.[54] 그런데도 제작만드는 것, 짓는 것에서는 아는 것과 행위의 분리가 일어난다. 제작 과정에서 있어야 할 생산물의 이미지와 형상을 지각하고, 이어서 수단을 조직하고 작업에 착수하기 때문이라는 것이다.

이 사회에는 생각하는 사람과 제작하는 사람이 따로 있다. 건축도 예외는 아니다. 아렌트에 따르면 인구가 증가하면서 공적 영역과 사적 영역이 생겼고, 도시에서는 '그 외면이 나타나는 것appearance'이 중요해졌다. 건축도 '그 외면이 나타나는' 출현의 공간

space of appearance 중 하나이며, "권력이 '지배'를 위해 시민을 공적 영역에서 추방하고 사적인 일에 전념하도록 했다."고 한다.

생각하는 것과 행위를 구분하여 생각은 지배자, 행위는 피지배자의 몫이다. 가장은 생각하지만 행동은 그의 가족과 노예가 한다. 아는 사람은 행할 필요가 없고, 행하는 사람은 사고와 지식을 필요로 하지 않는다.[55]

우리 사회에서는 행정을 비롯한 다른 분야의 전문가가 생각하는 자이고, 건축가는 그것을 받아 행하는 자라는 태도가 저변에 깔려 있다. 아는 것, 생각하는 것이 먼저고, 행하고 짓는 것은 그것을 따라야 한다는 입장이다. 특히 공공 건축물의 발주처나 건축 행정은 생각하는 곳이라는 입장이 지나치게 강하다. 이들은 공공적인 입장에서 모든 이를 위한다며 누구에게나 편리하고 기능적인 건축만을 요구한다. 그렇지만 그 '누구'가 과연 어떤 사람들인지를 알려고 하지 않은 채 일방적으로 결정하는 우를 범해서는 안 된다.

건축가는 자기 작품을 만든다고 생각한다. 그래서 건축은 건축가에 의해 하나의 작품으로 만들어진다. 건축과 건설을 구분하고 건축과 건물을 구분하는 것은, 건축가가 자기 작품 속에서 '사적인 일에 전념하고' 싶기 때문이다. 아는 것과 짓는 것이 분리된 상태에서 자신의 창조성을 강조하는 것은, 아렌트의 의견을 따르면 "권력이 지배를 위해 건축을 공적 영역에서 추방하고 건축가가 사적인 일에 전념하도록 했다."는 것을 그대로 지키는 일이다.

건축가는 스스로 지식을 가진 사람, 아는 사람, 생각하는 사람이고 싶지, 만드는 사람, 짓는 사람, 행동하는 사람이 되고 싶지 않은 것이다. 그러나 이는 스스로 건축과 공간이라는 틀 안에서, 과거에 지배자가 그랬던 것처럼, 건축과 관계되는 많은 사람을 사적인 영역으로 추방하고 자신이 대신 공적인 자리를 차지하려고 한 도식을 그대로 따른 것이다. 오늘날 건축가는 공간과 권력이라는 틀 안에서 19세기 이후 건축가들이 공간에 대한 전문가라고 자부하면서도 공간 생산에 소극적이었고, 오히려 자본의 공간을 견고하게 하는 기술자였다는 사실의 연장선에 있음을 깊이 인식해야 한다.

근대 이후의 도시는 미셸 푸코도 지적하였듯이 사회의 관리화가 급속히 진행되었다. 건축에서도 관리하는 시스템 공간을 많이 만들어냈다. 공간은 권력화되었으며 이는 각종 시설로 나타났다. 그리고 균질화된 공간이 관리화된 사회를 뒷받침한다. 21세기 건축가의 숙제는 이처럼 권력화되고 관리되는 공간을 어떤 방식으로 해체하여 다시 구축하는가에 있다.

한나 아렌트의 '생각하는 사람'과 '행하는 사람'의 구분은 "건축가는 과연 누구를 위해 설계하는가?"라는 근본적인 질문을 던지게 한다. 먼저 제작이란 권력과 달리 생각하는 것과 만드는 것이 연속하여 교차하는 것이다. 따라서 건축가는 만드는 자, 짓는 자이며 동시에 생각하는 자, 아는 자다. 그리고 생각하는 것과 짓는 것을 따로 떼어 생각할 줄 모르는 직능인이다.

마찬가지로 건축은 건축가의 작품이 아니라, 그 건물 짓기에 참여하고 이용하고 관리하고 다음 세대에게 넘겨 줄 지역사회의 출현의 공간이어야 한다. 건축은 정해진 장소에서 그 시간과 시대의 필요에 따라 지어지지만, 한번 지어진 건축물은 오래 남아 앞으로 나타날 지역사회의 또 다른 미래의 사용자에게 넘겨진다.

4장

건축가의 숙제

도시에서 대면하는 수많은 빌딩 타입은
건축가의 창조물이 아니라
사회제도와 시스템의 산물이다.

사라지고 생기는 빌딩 타입

빌딩 타입

사람은 집에서 살고 방을 사용한다. 살아가는 방식에 따라 건축은 여러 가지 의미를 나타낸다. 건축을 생각할 때 가장 중요한 것은 건축이 상식의 세계에 속한다는 사실이다. 상식의 세계란 다른 말로 집단 사이에서 성립하는 세계다. 따라서 건축은 집단 사이, 사회적인 생활과 관계, 곧 하나의 제도로서 성립하며 일종의 사회적 기호로 여겨진다.

건축은 주택, 학교, 사무소처럼 무언가 정해진 용도의 형식으로 지어지고 또 그렇게 나타난다. 건물의 주요 용도에 따라 공동주택, 학교, 병원, 창고라고 부른다. 이와 같은 건물의 종류가 '빌딩 타입building type'이며 '건물 유형'으로 번역된다. 건축설계는 대부분 어떤 빌딩 타입으로 다가온다. 설계를 시작할 때나 허가를 받을 때도 빌딩 타입으로 불리고 지어진다.

건축은 1차적으로 형태와 공간, 빛과 색채를 물체로 느끼라고 짓는 것이 아니라, 가르치고 배우기 위한 학교, 아픈 사람의 병을 고쳐주는 병원, 구민의 생활을 행정적으로 지원하기 위한 구청사 그리고 매일 살아가는 주택 등 사회적인 목적을 위해 지어진다. 이는 상식에 의한, 상식을 위한, 상식의 건축이어서 누구나 쉽게 이해할 수 있다. 건축의 사회적인 목적은 외형으로 알아차리는 것이 아니다.

빌딩 타입이란 건축물과 사회생활의 결합, 곧 건축의 타입과 사회생활의 타입이 결합한 것을 말한다. 옛날에는 왕궁이었는데 지금은 미술관으로 사용되는 예는 얼마든지 많다. 각 시대는 당시 고유한 건축과 생활이 깊이 결합되어 있으므로, 빌딩 타입은 그 시대의 제도화된 문화를 표현한다. 특정 빌딩 타입은 어떤 문화에는 성립하지만, 다른 문화에는 성립하지 않을 수 있다.

말할 나위도 없이 고대 그리스시대와 로마시대, 중세시대와 르네상스시대에도 건축은 사회생활과 밀접한 관계가 있었다. 그러나 빌딩 타입이 계획적으로 분명히 나타난 것은 대략 18세기였다. 18세기에는 사회적인 프로그램이 주요한 관심사였고, 건축계획이 우선적으로 사회생활의 합리적인 구분과 질서에 결부되었다. 건축사가 헬렌 로즈나우Helen Rosenau는 그 직접적인 원인이 농본주의와 백과전서에 있었다고 보았다.[56] 농본주의는 귀족의 헛된 생활을 벗어나 장식을 단순하게 바꾸고, 건축을 사적인 허영이 아닌 공공 프로그램으로서 집중시켰으며, 백과전서의 실질적인 지식으로 생각의 변화를 이끌었다.

1800년 무렵 장 니콜라 루이 뒤랑Jean Nicolas Louis Durand은 『건축선집Recueil et Parallélle des Edifices en tout Genre』[57]이라는 건축서를 펴냈다. 이 책은 "건축 및 기념건조물이 장르별로 분류되고…… 같은 축척으로 제시되어 있다."는 사실과 함께 모든 건물의 크기를 미터법으로 알 수 있다는 것이 특징이었다. 신전, 성당, 투기장, 개선문 등 건축물을 용도별로 분류하고 나란히 배치하여 서로 잘 비교할 수 있게 했다. 이는 18세기 프랑스 계몽주의와 백과전서적 사고가 낳은 건축물의 카탈로그화였으며, 유형類型, type을 학문화한 유형학類型學, typology의 일종이었다. 학교, 병원, 창고, 공장 등의 빌딩 타입은 사회적으로 결정된 건축물의 유형학이다.

따라서 빌딩 타입은 미술사의 영향을 받아 양식으로 건축을 분류하는 방식과는 다르다. 양식사에서는 새로운 소재와 건축가의 설계가 전혀 다른 것이어서, 19세기에는 빌딩 타입마다 다른 양식이 있다고 여겼다.

반복되는 빌딩 타입
공간과 제도의 반복

빌딩 타입은 오늘날 대학 교육에서는 잘 가르치지 않지만 건축계획학이라는 전문 분야에서 주로 다루어왔다. 그 결과 계획의 효율성, 표준화, 기능성이라는 점에서 많은 역할을 해왔으나, 반대로 표준화한 빌딩 타입이 현실에서 경직화되는 폐단도 적지 않다. 건축을 공부할 때 공간이나 형태에 관해 말하면 관심을 두지만,

'공동주택, 학교, 병원, 창고'라고 지칭하면 왠지 흔해 보이고 직접적인 건축의장이나 건축이론 공부와는 거리가 먼 것처럼 느낀다. 빌딩 타입이라고 하면 하나의 고정된 세트처럼 이해된다. 그런 탓에 내용을 구체적으로 묻기보다 건축을 배우는 방식이려니 하고 의문을 갖지 않는다.

건축은 흔히 생활과 그 안에서 이루어지는 여러 행위를 반영한다고 말한다. 빌딩 타입 또는 건물 유형이란 그릇과 내용이 하나된 관계다. 가족이 따로 사는가 모여 사는가, 학생을 가르치는가, 미술품을 소장하는가 등의 구체적인 행위가 '내용'이라면, 주택이나 아파트, 학교, 극장, 병원이라는 빌딩 타입이 이를 위한 '그릇'이다. 이때 행위와 공간의 관계가 평면도에 표기된다.

현대사회에서 단독주택이나 아파트, 빌라나 다세대주택 등 각종 주택은 규모나 층수만 다르지 방의 배열 관계는 어디나 비슷하다. 주택의 내용이 일률적인 것이다. 그 거실에 그 안방이고, 결합 방법은 예나 지금이나 똑같다. 어느 것이나 현대의 핵가족이라는 평균 4인의 관습적인 제도를 전제한다. 근대적 핵가족으로는 설명할 수 없는 다양한 가족상家族像이 현실에 많은데도, 별다른 반성 없이 근대적 핵가족이 단란한 가정의 원리라고 믿는다. 주택에는 당연히 공동의 장처럼 느껴지는 거실이, 그 주위에는 구성원의 방이 배열되고, 소파와 텔레비전, 침대 등이 배치된다. 이러한 주택의 공公과 사私의 관계에는 근대적 도시의 관념이 그대로 축소되어 있다.

주택은 법적으로 "세대의 구성원이 장기간 독립적인 주거 생활을 할 수 있는 구조로 된 건축물의 전부 또는 일부 및 그 부속토지"로 지정한다. 주택에는 단독주택과 공동주택이 있으며, 단독주택에는 다중주택, 다가구주택도 포함된다. 아파트는 "주택으로 쓰는 층수가 다섯 개 층 이상인 주택"이고, 다세대주택은 "주택으로 쓰는 한 개 동의 바닥 면적지하 주차장 면적은 제외 합계가 660제곱미터 이하이며, 층수가 네 개 층 이하인 주택"이다. 법적으로 빌딩 타입은 그릇으로만 규정하고 있다.

르 코르뷔지에나 미스 반 데어 로에와 같은 거장은 건축사에 남
는 중요한 건물을 설계했지만, 정작 그들이 만들어낸 빌딩 타입은
없다. 우리가 도시에서 늘 대면하는 수많은 빌딩 타입은 건축가가
만드는 것이 아니며, 사회적인 제도와 시스템의 산물이다. 따라서
근대 주택은 코르뷔지에나 미스의 저명한 주택작품으로 설명될
수 있는 것이 아니다. 바로 여기에 건축가의 가장 큰 숙제가 있다.

앞서 시설이 제도와 깊은 관련이 있다고 말했다. 건물이 지
어지는 용도와 목적은 모두 제도制度가 공간으로 변한 것이다. 빌
딩 타입은 단순히 기능을 수용하는 장치가 아니라, 사회적 제도에
부응하는 공간에 대한 건축적 장치다. 제도는 물질과 공간을 이
용하여 건축 안에 숨어 있다. 따라서 빌딩 타입은 단순히 건축물
의 형식적 분류가 아니라 사회를 잘라보는 형식이다. 건축가는 교
육제도를 생각하지 않고 학교를 설계할 수 없다. 학교를 설계하는
건축가는 빌딩 타입으로 교육제도에 대응하는 것이다.

근대의 병원은 공기를 순환하는 환경 자체가 중요한 역할을
했다. 병은 나쁜 공기에서 발생한다고 믿었으므로 이미 18세기 후
반부터 병원 안에서 공기를 어떻게 순환할지 고려하여 건축을 계
획했다. 그리고 대부분 적정한 거리를 두고 분동했다. '격리'라는
개념이 적용된 것이다. 당시에는 병원 외관을 양식사에서 신고전
주의로 분류했지만, 이 신고전주의 양식의 병원에서 내부 공기 조
화 시스템이 변하기 시작한 것을 생각하면, 건축사도 빌딩 타입의
관점에서 다시 기술되어야 한다.

이와 같이 학교라는 시설을 통해 교육제도에 대응하고, 병
원의 배치를 보고 어떻게 격리해야 하는지 생각한 것은, 박물관에
서 수집하는 방법을 통해 역사관을 알게 되는 것처럼, 공간이 숨
어 있는 제도를 드러낸다. 공간과 시설은 제도이고, 제도는 공간과
시설이라고 말한다. 이는 공간과 시설이 제도 안에 숨어 있고, 제
도가 공간과 시설로 나타난다는 것을 완곡하게 표현한 것이다.

근대사회를 유지하기 위해 당시 만들어진 시설은 100년이
지난 오늘날에도 여전히 존재한다. 주택, 아파트, 학교, 도서관, 미

술관, 백화점 등 모든 빌딩 타입에 반성하고 극복해야 할 근대적 오류가 있다. 새로운 건축설계란 근대사회에 발명되어 오늘에 이른 빌딩 타입이 오늘날 우리 생활을 고정시키고 있지 않은지 의심하고 경신하는 것이다. 바꾸어 말하면 이미 지은 빌딩 타입에 의문을 품고 본질에 접근하는 과정은 서구적 근대사회의 제도를 반성하는 일이다. 이는 건축 공간이란 제도를 충실하게 수용한다고 여기는 사회의 관행에 이의를 제기하는 것이다. 건축은 공간을 통해 제도를 말한다. 사회제도를 공간으로 받아 적는 것이 아니다.

빌딩 타입의 반성

근대의 빌딩 타입은 도시와 건축, 생산과 소비, 남성과 여성이라는 사회적 도식으로 나타난다. 근대사회는 이상적인 가족으로 핵가족이라는 개념을 만들었다. 이 개념은 지금까지 주택 설계의 흔들림 없는 전제 조건이 되었다. 오늘날의 주택에서 거실, 식당, 부엌, 침실 등이 배열되는 형식도 핵가족 제도에서 나왔다. 이러한 근대 주택에는 가정을 효율적인 공장처럼 여기고 주부는 그 공장을 위생적으로 관리한다는 기능주의 이데올로기가 담겨 있다.

20세기에 도시화가 급속히 진행되면서 일하는 장소와 거주하는 장소가 나뉘었다. 도심의 사무소 건축과 교외주택이 이러한 상황을 대변하는 빌딩 타입이 되었다. 조안 오크먼Joan Ockman은 제2차 세계대전이 끝난 직후 10년 동안 미국 건축을 정의하는 두 가지 이미지로 '레버 하우스Lever house'와 '레빗타운Levittown'을 말한다.[58] '레버 하우스'는 공적인 영역을 향해 고도로 합리화된 고급 건축으로, 남성 지배적인 생산을 위한 건물 유형이며, 엘리트 모더니즘 미학에 근거한다. 반면 레빗타운은 사적인 영역을 향한 저급 건축으로, 남편은 일하러 가고 부인과 아이가 거주하는 여성의 영역에 속하는 소비를 위한 핵가족 주택이다. 이 둘은 자본주의의 양면을 나타내며, 생산은 남성, 소비는 여성이라는 전통적인 이원론에 따라 대중문화 취미를 드러낸다. 이렇듯 20세기 미국에서는 동시에 나타난 서로 다른 두 가지 빌딩 타입을 만들어냈다.

건축가 그룹 딜러 스코피디오 렌프로Diller Scofidio + Renfro의 프로젝트 〈배드 프레스Bad Press: Dissident Ironing〉는 일상생활에서 흔히 보는 하얀 와이셔츠를 소재로, 윗옷에서 보이는 부분만 잘 다리고 다른 부분은 함부로 눌러 다렸다든지, 좌우의 단추를 잘못 끼운 채로 다린 모습을 보여주었다. 이는 '주름' 건축을 말하는 것이 아니며, 가사노동과 근대의 핵가족 제도를 비판한 것이었다. 어떻게 보면 와이셔츠 다림질에 뭐 그리 대단한 이야기가 있느냐고 반문할지 모르겠다. 그러나 그들은 가정에서 일하는 근대 주부의 노동이 직장에서 일하는 근대 남성의 신체를 감싸는 와이셔츠에 묻어 있음을 보여주려 한 것이다.

이와 비슷한 근거에서 당시에는 근대건축의 빌딩 타입에 우열이 있다고 여겼다. 그중에서도 가장 우대 받는 빌딩 타입은 미술관이고 반대로 가장 무시된 건축물은 상업 시설이었다. 그런데 지금 도시를 가득 메운 건물은 크게 주택과 상업 건물이다. 간판이 무질서하게 붙어 있고 혼돈스러운 임대 복합 건물은 도시를 이루는 바탕인데도 주목받지 못하는 빌딩 타입이다. 그러나 비판에 앞서 상업 시설이 왜 그렇게 잡다한 기능을 하는지를 파악할 건축적 이해가 부족하다. 또 대체할 만한 유형이 제시된 적도 없다.

빌딩 타입을 생각하는 것은 이미 습관화된 행위와 공간의 관계를 오늘의 관점에서 해체하기 위함이다. 더구나 문제는 현재의 빌딩 타입이 오늘날 우리의 행위와 어긋나 있는데도 제도가 강요하는 데 있다. 빌딩 타입은 사회적으로 완성된 형식이 아니라, 그 빌딩 타입이 개입하여 새로운 현재를 발견하는 계기가 된다.

나타나는 빌딩 타입

주택에 비해 일상생활에서 이미 친숙한 빌딩 타입은 가까운 과거의 것이다. 학교나 공장도 예전부터 있던 것이 아니라 시대에 따라 새로 만들어졌다. 학교는 균질한 노동자를 육성하기 위해 공교육이 실시된 19세기 이후에 나타났으며, 병원은 시민의 건강을 위해 균질하게 만들어졌다. 박물관은 보물을 수집해두는 곳에서 시작했다. 그렇지만 수집품의 크기가 박물관의 방보다 커서 홀에 두는 경우가 많았다. 그러다가 분류학인 박물관학museology이 생기면서 전용 공간도 구성되었다. 시대는 특정한 사회적 기능을 가진 빌딩 타입을 만들었다. 따라서 빌딩 타입은 역사적이고 사회적이다.

찰리 채플린의 〈모던 타임즈Modern Times〉라는 영화가 있다. 근대가 고안한 빌딩 타입 속에서 인간이 관리사회에 편입된다는 점을 강조하는 영화다. 또한 계획의 시대인 20세기의 근대건축 시설을 비판하는 영화다. 컨베이어 벨트 '공장'에서 일하는 주인공 찰리는 하루 종일 나사못 조이는 일을 한다. 공장의 사장은 계속 빠르게 제품을 생산하라고 종용하고, 찰리는 정신이 이상해져서 급기야 정신 '병원'까지 가게 된다. 병이 회복되었지만 '공장'에서 해고되어 거리를 떠돌다가 우연히 시위 군중에 휩쓸려 '감옥'에 끌려간다. 감옥에서 나온 그는 '백화점' 경비원으로 취직하고, 이어 '철공소'에서 일하며, 소녀의 도움으로 '카페'에서도 일하게 된다. 주인공은 공장 → 병원 → 감옥 → 백화점 → 공장 → 카페라는 근대적인 빌딩 타입에 들어가 일하고 갇힌다. 영화의 배경을 살펴보면 중요한 근대시설 모두가 포함되어 있다.

건축사가 니콜라우스 페브스너Nikolaus Pevsner는 『빌딩 타입의 역사A History of Building Types』[59]를 썼다. 그는 도서관, 박물관, 병원, 감옥, 증권거래소, 역사驛舍, 의사당, 관청, 재판소 등 근대사회가 만들어낸 시설을 소박하게 유형별로 분류했다. 이는 근대라는 시대에 등장한 새로운 유형의 건물을 다시 인식시키기 위함이었다.

그런데 이 책의 구성을 살펴보면 처음에는 역사적인 기억을 담은 모뉴먼트monument가 나오다가 마지막에는 상업 건물이 등장한다. 고대나 중세에는 종교건축이 중심이었으나, 시대가 바뀜에 따라 공공 건물이 점차 증가하는 현상을 들어, 시대에 따라 빌딩 타입이 달라진다는 것을 말하려 하는 의도다. 그러나 그가 이러한 빌딩 타입에 대하여 말하는 방식은 고전주의인가 아니면 고딕인가 하는 양식의 문제에 집중한 경향도 있다.

근대에 지어진 다양한 빌딩 타입을 오늘날에도 찾아볼 수 있다. 그만큼 현대에는 근대의 건축과 도시 공간이 계속 이어지고 있다. 근대 병원이란 환자를 치료하기보다 격리 수용하기 위해 발달되었고, 학교 건물은 교육제도를 따르기 위해 마련되었다. 교육제도가 획일적이면 학교 건물도 획일적이 되며, 교육제도가 조직 단위로 가르치게 만들면 교실도 그렇게 되도록 만들어진다. 예전에는 주택에서 태어나고 죽는 것이 상례였으나, 오늘날에는 대부분 병원에서 태어나고 죽는다.

특히 근대사회에서는 '직주분리職住分離'가 가장 큰 특징이었다. 주거로는 전용 주택이, 직장으로는 사무소 건축이 필요했고, 집에서 먼 공장에서 생산되는 상품을 교환하기 위해서는 백화점이라는 대규모 상점이 필요했다. "백화점은 공업시대의 산물이다. …… 과거에는 백화점 같은 대규모의 상업 건물이 없었다. 이런 점에서 백화점 역시 19세기 시장 건물, 철도 역사, 박람회 건물 등과 마찬가지로 수많은 보행자를 포함한 업무를 신속하게 처리하려는 목적에서 비롯되었다."[60]

러시아 구성주의자들은 '사회의 콘덴서Social condenser'라는 개념을 제안했다. 이 개념은 건축의 기능을 사회제도로 확대 해석한 대표적인 근대의 빌딩 타입론이었다. 모이세이 긴즈부르그Moisiej Ginzburg와 현대건축가동맹OSA, Organization of Contemporary Architects은, 공산주의가 추구하는 유토피아, 화가 블라디미르 타틀린Vladimir Tatlin의 〈제3인터내셔널 기념탑The Monument to the Third International〉처럼 공리功利를 상징적으로만 표현하는 것에 반대했다. 이들은 건물의 기능이 사회주의의 이상을 실현하는 매개물이어야 한다고 주장했다. "오래된 타입의 임대주택이나 빌라나 관館 등 혁명 전의 사회적, 경제적, 기술적인 관계들을 번안한 것에 대항하여, 우리들은 새로운 타입의 공동주택, 클럽, 노동궁전, 공장 등을 대치시킨다. 이들은 사회주의 문화의 콘덴서이며, 컨베이어 벨트가 되어야 할 것이다."[61] 물론 이러한 그들의 주장이 오늘날에도 타당하다는 뜻은 아니다. 다만 새로이 나타난 빌딩 타입이 "생활방식을 변형시키는 일종의 기계"이고, "사회적 습관을 새로운 삶의 방식으로 소개하는 공간"으로 이해되었다는 사실에 주목할 만하다.

빌딩 타입의 목적이란 고정된 것이 아니다. 사회제도에 따라 빌딩 타입의 의미 곧 건물의 기능과 용도가 바뀐다. 이때 용도의 변화란 건물을 사용하다가 증개축하는 행위가 아니다. 어떤 건물이 학교만으로, 오피스 빌딩만으로, 도서관이나 미술관으로만 사용되어야 하는 규칙을 벗어나는 것이다. 폐교는 조금만 고치면 얼마든지 미술관이나 숙박 시설 등 다른 용도로도 사용될 수 있다. 그릇은 같아도 내용이 달라진다.

주택은 시대마다 고유한 삶의 방식과 가치관을 나타냈다. 주택의 역사는 인간 생활의 중심에 관한 역사다. 주택이라는 빌딩 타입은 다른 어떤 빌딩 타입보다도 시대마다 관념이 바뀌고 새롭게 갱신되었다. 주택에 간판을 걸고 교회라고 하는 곳도, 절이라는 곳도 있다. 건물은 주택인데 용도는 교회나 절이 된다. 건축사에서 고대 그리스 신전이 주택에서 나왔음을 강조하는 것도 같은 맥락이다. 이런 사정은 오늘날에도 본질적으로 변한 것이 없다.

이처럼 빌딩 타입은 새로 나타나다가도 사라지고, 또 다른 것으로 나타난다. 따라서 어떻게 나타날까 예측하는 것도 건축의 중요한 과제고, 어떻게 사라질까도 중요한 과제다. 주택이든 학교든 사무소든 느리게 보면 늘 그대로인 것처럼 보이지만 사실 빌딩 타입에는 변화가 많다. 이러한 생각은 건축에서 다루는 모든 빌딩 타입에 대해서도 마찬가지다. 예전에는 창고라고 하면 물건을 담아두는 용도로 생각했는데, 이제는 '창고형 할인매장' '창고형 가구매장' '창고형 의류매장' '창고형 사무실'이라는 새로운 상업 시설이 생겨났다. 이는 생산과 소비의 거리를 최소화하여 저렴한 가격으로 판매한다는 유통 구조에서 생긴 것이다. 이렇게 창고라는 시설은 고정되어 있지 않고, 다른 시설과 조합되면서 변화한다.

은행도 이제 과거의 은행이 아니다. 창구 업무가 온라인으로 처리되고, 입출금 코너도 도시 곳곳에 분산되어 있다. 그러면 질문이 생긴다. 오늘날 시청사는 은행의 창구 업무와 어떻게 다를까? 시민에게 열린 공간은 적고 별다른 변화도 없는 시청사를 두고 과연 '열린 행정'을 위해 지었다 할 수 있겠는가.

　　본래 전시라는 행위는 '공간'과 떼려야 뗄 수 없다. 사람들은 어떤 장소에 모여 함께 전시되는 작품을 본다. 이 장소에서는 다른 사람들의 반응에 영향을 받거나, 불특정 다수와 공간을 공유하는 '체험'을 하게 된다. 20세기 근대 미술관은 19세기 미술관과 다른 방식으로 계몽의 방법을 발전시켜 나갔다. 당시 미술관은 일상을 벗어난 공간이었고, 작품을 보는 사람의 의식을 일상과 단절시키는 공간이었으며, 예술의 자율성을 보장해주는 공간이었다. 따라서 작품이 관람자에게 주는 정보는 일방적이었다.

　　그러나 21세기 미술관은 일방적인 계몽형이 아니라 교통과 교환이라는 쌍방향적인 프레임을 강조하고 있다. 그렇다보니 관람자는 자율적인 회화나 조각 작품에 지적이고 신체적으로 관계하며, 나아가 작품에 참여하거나 생산하는 입장으로 바뀌었다. 이에 따라 사물을 보여주는 전시 공간인 미술관이 퍼포먼스를 보여주는 환경적 공간으로 변했다. 그리고 다시 비물질적인 관계를 보여주는 공간으로 변모하고 있다. 콘서트홀은 공간적으로나 시간적으로 강제적이다. 음악이 진행되는 동안 특정 공간에서 자리를 지켜야 하고, 마칠 때까지 감상해야 한다. 그리고 공연이 끝나야 돌아갈 수 있다. 그러나 전시장은 다르다. 전시장에서는 자기가 좋아하는 장소에 원하는 만큼 머물면 된다. 미술관은 단지 작품 감상만이 아니라 일종의 커뮤니케이션 장이며, 스스로 느끼고 사고하는 창조적 주체가 체험하는 장소다.

　　건축가 로버트 벤투리는 라스베이거스의 상업 시설을 주목하면서 그 속에서 새로운 건축을 만드는 방식을 발견했다. 그러던 것이 이제는 루이비통Louis Vuitton, 디올Dior과 같은 유명 브랜드의 상업 건물이 건축가의 실험 대상이 되고 있다. 이제 상업 시설은 도시를 결정하는 주요 빌딩 타입이 되었다. 스위스의 건축 사무소 헤르초크와 드 뫼롱Herzog & de Meuron의 프라다 부티크 아오야마 Prada Boutique Aoyama처럼 아이콘화되고, 콘텍스트와는 관계없는 유 브랜드의 광고탑과 같은 건물도 현대건축의 중요한 주제가 된다.

더욱이 오늘날에는 정치, 경제, 교육, 문화 등 다양한 영역에서 당연하게 여겨 왔던 학교나 미술관, 문화센터 등 빌딩 타입을 구별하기 어렵다. 설계 현장에서도 프로그램의 복합성이 과제로 등장하고 있다. 소호SoHo, Small office Home office라는 말이 그러하듯이, 주택과 사무소의 경계가 애매해지고, 따로 계획되던 도서관이나 미술관 등 공공 건축의 빌딩 타입도 점차 해체되고 있다. 학교 건축에서 교실과 복도로 이어지는 단순한 타입이 아닌 '오픈 스쿨'이라는 이름으로 이루어지는 다양한 시도와, 교실이나 운동장을 개방하여 커뮤니티 센터로 사용하려는 시도도 이에 해당한다.

빌딩 타입에 대한 건축사가 스피로 코스토프Spiro Kostof의 말은 시사적이다. "빌딩 타입이란 특정한 목적을 위해 개발되고 반복적으로 사용됨으로써, 시각적으로나 의식적儀式的으로 넓은 타당성을 갖는 건축의 한 형태이다. …… 빌딩 타입의 '발명'은 순간적으로 끝나는 것이 아니다. 모든 형태는 오랜 실험 끝에 생겨나 세련되고 수정되며, 때로는 고의로 나쁘게 고쳐지는 행위를 계속 거친다. …… 빌딩 타입의 형태를 다시 해석함으로써 우리는 그 문화의 본질을 고찰할 수 있다."[62]

근대의 빌딩 타입

박물관, 미술관, 식물원

16세기 말 유럽에서 사물은 유사성類似性이라는 관계로 파악되었다. 그 이전에는 구경거리로 보여주거나 생물이 등장하는 전설, 과거 이야기로 설명했다. 이 시기에 지식이란 하나의 커다란 이야기였다. 그러나 근대과학에서는 어떤 생물에 관해 기술할 때 그 생물의 기관器官이 어떠한지를 말한다.

그런데 대항해시대를 거치며 세계를 바라보는 시선이 새로워졌다. 지리상의 대륙이나 항로를 발견한 것만이 아니라 사물을 바라보는 시선에도 변화가 생겼다. 이 새로운 시선으로 세계를 다시 기록하고 사물을 분류하여 배치했다. 세계가 넓어진 이상 무엇과 비슷하다 유사하다는 것만으로는 사물을 바라볼 수 없었다. 이렇게 되자 수많은 지식이 같은지 아니면 다른지, 곧 동일성同一性과 상위성相違性으로 파악되었다. 근대라는 시기를 맞이하기 전 일찍이 세계와 지식은 이렇게 전개되었다.

지식의 분류와 배치는 사물과 사물을 나란히 놓고 인식하는 박물학에서 시작했다. 박물학은 사물을 단순히 바라보지 않고, 특정 요소를 정확하게 측정하는 지식 체계로 나타냈다. 이러한 시각은 동식물을 분류하는 시스템, 정밀한 지도 작성, 민족의 분류에도 그대로 적용되었다. 박물학적 시선에 따라 단계별 우열이 생기고 주객이 분리되었다. 이로써 인류도 분류되고 서열이 매겨졌다. 그리고 원근법에도 중심이 있듯이 유럽이 사물의 중심이 되었다. 박물학이 발전하면서 표본 진열관이나 동식물원도 생겼다. 사물은 마치 액자 속 그림처럼 보였다. 분류에서 시각적 요소를 우선으로 여겼기 때문이다. 그리고 표면의 형태, 요소의 수와 배치, 크기를 중요하게 다루었다. 17세기 이후부터는 문서의 보관 시스템이 발달했고, 도서관이 정비되면서 카탈로그나 장서 목록이 작성되었다. 르 코르뷔지에는 『오늘날의 장식예술L'Art Décoratif d'Aujourd'hui』에서 근대건축의 요점을 '분류'라고 강조했다. 그러나 그가 분류의 중요성을 처음으로 제시한 건 아니다. 건축은 무엇을 따라가지 무엇을 앞서지는 못하기 때문이다.

푸코는 박물관의 발달이 근대의 질서를 결정하는 기본적인 변화라고 보았다. 그는 박물학적 시선이 감시와 처벌, 규율과 훈련, 권력을 위한 범죄의 기호 체계를 분류하는 데 크게 기여했다고 주장했다. 이러한 변화는 박물관, 동물원, 식물원과 같은 18세기 유럽의 도시 시설은 물론이고 감옥이나 학교, 병원과 같은 시설에 적용되었다.

당시 박물관은 공공적인 빌딩 타입이 아니었지만, 계몽주의 사상과 예술의 역사적인 변화와 깊은 관계가 있었다. 빌딩 타입은 건축적인 요구에 앞서 사회의 요구나 또 다른 지식 체계에 따라 성립되며, 건축계획은 사회사상과 관계를 지니고 나타난다.

18세기 말 유럽의 도시에는 세 가지 사건이 나타났다. 프랑스혁명이라는 정치적 사건이 불러온 '축제', 대중에게 개방된 '미술관' 그리고 '산업박람회'라는 시설이 그것이었다.[63] 미술관이나 산업박람회는 많은 물건을 전시하는 곳이라는 점에서 같다. 그러나 미술관은 작품을 담지만 산업박람회는 상품을 진열했다. 미술관이 과거를 전시하는 고정 시설이라면, 산업박람회는 미래를 향해 만들어진 일시적인 시설이었다. 미술관은 계몽사상으로 이어지고, 산업박람회는 혁명이 끝날 무렵 새로운 사회적 상황에 대응한 것이므로 둘 다 '축제'와 관련되어 있었다.

어느 귀족들은 해외에서 온 진귀한 표본이나 동식물을 수집하여 자신의 집에 진열하였다. 그중에서도 영국의 한스 슬론 경Sir Hans Sloane의 자택에서 컬렉션을 체계적으로 분류하기 시작했다. 그가 세상을 떠나자 의회는 그의 유언을 따라 컬렉션을 구입했다. 그리고 1759년, 최초의 공공 박물관인 대영박물관The British Museum이 대중에게 공개되었다.

미술관도 사회적인 요구에 따라 만들어진다. 개인의 저택을 장식하던 것을 미술관이 수집했고, 그 수가 늘어나자 카비네cabine라는 가구에 보관하고 분류했다. 그러던 가구가 이윽고 방으로 확장되었다. 수집가들은 18세기에 늘어난 귀족과 부르주아였다. 그들에게는 미술품 수집이 곧 지위를 상징했다. 그들은 특정한 사람들을 초청하여 관람시켜주거나, 백성이 요청하면 때때로 궁전의 방에서 왕실 컬렉션의 일부를 전시하기도 했다.

미술관은 점차 사람을 도덕적으로 교육하는 수단이자, 역사적인 표현과 행위가 펼쳐지는 곳이 되었다. 당시에는 예술품을 많은 사람에게 공개해야 한다고 여겼다. 미술관은 예술과 역사에 대한 의식 전환을 불러오고, 국가나 정치와도 긴밀해졌다.

식물원도 생겼다. 본래 온실이란 이국에서 가져온 식물이나 씨앗이 환상을 자극하고 세계를 식민지화하려는 생각에서 나온 것이었다. 1810년에 간행된·원예서에 "이제는 온실이 없다면 완전한 정원을 볼 수 없다."고 쓰일 정도로 19세기는 온실에 열중했다. 당시 유럽 열강은 손이 닿는 대로 식민지에서 재화를 가지고 왔다. 그 재화에는 먼 나라의 동식물까지 포함되어 있었다. 그러다보니 기후나 풍토가 전혀 다른 땅에서 사는 진귀한 동식물을 기르고 재배하려면 이를 위한 인공 환경이 필요해졌다. 온실도 처음에는 상류계급이 소유했지만, 파리식물원Jardin des Plantes의 '겨울 정원' 처럼 일반인이 드나들 수 있게 되었다. 온실은 아주 추운 날에도 영상 13도 이상 유지하며, 산책길, 무도실, 독서실, 카페 등을 갖춘 일종의 오락 시설이 되었다.

마찬가지로 파리식물원이나 런던의 큐 왕립식물원Royal Botanic Gardens Kew 등이 세워졌고, 최초의 근대적인 동물원이 프랑스혁명 이후 파리식물원을 개조한 국립자연사박물관Muséum National d'Histoire Naturelle의 부속 시설로 나타났다. 박물학적 분류 시스템은 사적인 장소에서 시작하였으나, 18세기에 이르러 점차 공공 기관으로 바뀌며 빌딩 타입으로 자리 잡았다.

건축사 책에서는 박람회를 산업 발전과 기술의 관점에서 설명하고 있다. 박람회는 박물학적 시선으로 산업 테크놀로지를 장대하게 종합한 국가적 장치였다. 당시 체계를 갖춘 박물관, 식물원, 동물원 등에 많은 영향을 받았는데, 최초의 박람회가 열린 수정궁Crystal Palace의 원형도 다름 아닌 온실이었다.

박람회는 19세기부터 전성기를 맞은 제국주의의 선전물이었고, 소비자에게 상품을 구매하도록 유혹하는 소비사회의 장치였다. 게다가 대중을 위한 볼거리를 제공하는 오락 공간이기도 했다. 특히 산업박람회란 정치에서 벗어나 구체적인 생활로 눈을 돌리게 하려는 상품의 축제장이었다. 미술관이 예술을 수집하는 빌딩 타입으로 발전했다면, 산업박람회는 상품을 수집하는 전시장으로 성립되었다.

1851년 런던에서 열린 제1회 만국박람회에서 조지프 팩스턴Joseph Paxton이 세운 수정궁은 박람회의 이러한 성격을 잘 드러낸 건축물이었다. 하루에 10만 명이 넘는 사람들이 이 광대한 공간에서 빛과 상품을 체험하게 되었다. 열대 식물이 가득한 대온실이 이국적인 환상을 자극하였듯이, 수정궁 또한 세계 각국에서 모여든 산물로 보는 이를 유혹했다. 게다가 1867년 파리 만국박람회에서는 프랑스 정부가 참가한 나라마다 독자적으로 지은 파빌리온pavilion이 생생한 풍경을 이루며 서 있었다.

학교

근대의 빌딩 타입 중 반드시 이해해야 할 것은 학교라는 빌딩 타입이다. 1850년 유럽에서는 어른의 절반이 글을 읽을 줄 몰랐다. 러시아에서는 글을 읽을 줄 아는 사람이 5-10퍼센트밖에 안 되었다. 글을 읽을 줄 안다는 것 자체가 특권이었다.

그러나 학교의 목적은 모르는 아이를 가르치는 것이 첫 번째가 아니었다. 가르침으로써 국가에 성실한 국민을 길러내기 위함이었다. 그래서 많은 나라가 국가적 차원에서 국어로 언어를 통일하고 균질하게 만들었다. 중앙집권적 교육 시스템을 구상한 나폴레옹도 학교의 목적으로 이렇게 밝혔다. "결국 학교는 국가기관이어야 하며, 국가 안에 있는 기관이어야 한다. 국가에 의존하는 것이며 그 외 다른 것에 의존하지 않는다. 학교는 국가에 의하여, 국가를 위해 존재한다."

근대 이전에는 학교마다 교사 한 명이 배치되었는데, 16세기에는 학업 과정의 진도에 따라 학생들을 분류하였다. 이렇게 분할된 작은 집단을 '학급class'이라 불렀다. 지금은 학교를 교실이라는 물리적인 단위로 분류하지만, 17세기 초까지도 학급은 '긴 의자'를 단위로 분류되었다.* 책상 없이 작은 칠판을 무릎에 놓고 긴 의자에 앉아 공부한 교육 방법에서 생긴 개념이다. 영어 단어 form은 '공립학교'와 등받이가 없는 학생용 '긴 의자'를 함께 뜻하고, class는 '학급'과 '분류'를 뜻하며, standard는 학생용 긴 의자 끝에 학급 번호표를 세운 기둥이어서 '학급'과 '표준'을 의미하게 되었다.[64] 그만큼 학교라는 제도는 '학교'라는 장치로 실현되었다.

근대 이전 공교육이 도입되기 전, 도시에 노동자들이 몰려

들자 교육이 필요한 아이들이 갑자기 늘었다. 그리고 나라가 아이들의 교육에 책임지는 공교육을 실시하게 되었다. 그렇지만 공교육이 실시된다고 해서 이들이 배울 수 있는 학교가 금세 만들어지는 것은 아니었다. 교사도 부족하여 이 모든 학생을 큰 방에서 교사 한 명이 가르쳐야 했다.

오늘날에도 학교는 서른 명에서 마흔 명 정도의 학생으로 구분된 몇 개의 학급으로 이뤄진다. 1862년 영국에서는 '개정교육령Revised code of Regulation'을 통해 나이가 같은 아이들로 나뉜 학급이 성립되었다. 나이와 능력으로 나누고 하나의 방으로 구획하고 그 안에서 일제히 가르치는 '학급'의 개념이 그 이전에는 없었다. 국가는 학급제를 통해 교육에 개입했다.

우리나라에서 거의 변화 없이 지어지는 대표적인 건물 유형은 학교 건축이다. 긴 건물, 널찍한 운동장, 건물 앞 구령대, 간단한 놀이 시설은 전국 학교에서 볼 수 있는 공통된 배치 방식이다. 남쪽으로 길게 배치된, 면적도 같고 모양도 동일한 교실은 이 학생이 저리 배치되고 저 학생이 이리 배치되어도 좋은 '평등'이라는 이름의 균질화 작업이었다. 교실은 긴 복도로 이어지는데 이 복도가 실내의 유일한 공용 공간이다. 그렇다면 학교라는 시설이 이렇게 경직된 교육제도를 강화했는가, 아니면 반대로 교육제도가 학교라는 시설을 경직되게 만들었는가? 학교에는 교육제도가 있다. 그 제도가 지금의 학교의 모습을 결정했다. 그리고 학교 건물이 그 제도를 강화하였다.

학교 건축은 단순한 건물이 아니다. 다음 세대를 가르치고 기르는 곳이므로 교육의 중요한 일부다. 그리고 학생들이 인생에서 감성이 가장 풍부한 시기에 대부분의 시간을 보내는 건물이다. 이들에게 학교는 생활을 넘어 인생의 기로를 정하는 곳이기도 하다. 그렇다면 과연 오늘날 학교라는 빌딩 타입은 이런 역할에 부응하는가? 대답은 '아니오'다. 학교는 학생을 제도화하며, 스스로 아무것도 정해지지 않은 채 지시를 기다리는 인간으로 길러낸다. 게다가 학교는 지역사회에 대해서도 폐쇄성이 강한 건물이다. 이런 모습은 그대로 지속되고 있으며, 근대의 빌딩 타입이 얼마든지 주변에 함께하고 있음을 뜻한다.

　　루이스 칸은 "학교의 시작을 한 그루 나무 밑에서 무언가를 잘 알고 있는 사람에게, 그것에 대해 알고 싶어 하는 사람이 묻는 것"이라고 했다. 이보다 교육과 학교의 의미, 상관관계를 잘 나타내는 말은 없다고 생각한다. 이를 전제로 시작해야 학교가 가질 수 있는 가장 큰 내부 공간인 '체육관'을 중심으로 새로운 학교를 만들 수도 있고, 새로운 교과과정이 마련되며, 지역사회에서 배우는 교육과 그것을 뒷받침하는 공간도 생길 수 있는 것이 아닌가.

백화점

과거 고대 도시에는 신전이 중심을 이루었다. 마치 유명한 사찰 앞에 관광상품점이 늘어서듯 상인들은 신전 앞에 모여들었다. 옛날에는 행상이 손님의 거주지를 찾았다. 그러나 이제 도심에 위치한 점포에 손님이 찾아간다. 오늘날은 상점이 집중된 상가가 도시의 중심을 이루고 있다. 미술, 인테리어, 조각, 사진, 영화 등 각종 예술도 그 상업 시설로 모인다. 또한 상업 시설은 도시인의 욕망과 상상력이 교차하는 곳이다. 도시에서 고층 건물은 밀도를 높여 단위 면적당 이윤을 높이기 위해 짓는다. 그런가 하면 도시를 관통하는 고가도로는 도시를 수평으로 확장하고 지가가 낮은 지역으로 유통 서비스가 이루어지게 하여 자연스럽게 도심부의 부동산 가치를 높여 주는 역할을 한다.

　　상업 건물은 본래 옷감 장수가 옷감을 펼쳐 보이듯이 물건을 펼쳐 보이는 곳이다. 18세기까지는 시장이 흥정의 장소였다. 가격은 사는 사람과 파는 사람의 흥정으로 정해졌다. 그런데 이러한 흥정의 장소를 무너뜨린 것이 백화점의 출현이었다. 하나의 건물에 전문점을 집결시킨 대도시의 백화점, 이곳에는 물품이 층별로 분류되어 있으며, 출입이 자유롭고 에어컨이 돌아가는 거대한 겉보기 공간이다. 백화점은 기능으로 분화되고 쾌적한 환경을 추구한 근대 도시의 축소판이다.

19세기 전반에는 '가게에 들어온다'는 것이 '물건을 산다'는 뜻이었다. 그러나 백화점에서는 판매자와 구매자가 직접적인 인간관계에 끌리지 않고, 물건을 꼼꼼히 살펴볼 수 있었다. 상품 가격을 명시하고 모든 고객에게 똑같이 판매하는 백화점의 방식은 가히 혁명적이었다. 그 이전에는 물건값이 구매자의 사회적인 지위와 교섭 능력 등으로 정해졌다. 물건의 무료 배달, 반품, 교환의 자유, 외상 판매, 휴게실 이용이라는 서비스도 모든 구매자에게 평등하게 제공되었다. 전문점에서는 손님과의 관계가 인격적이지만, 백화점에서는 점원과 손님이 개별적으로 만나지 않는다.

백화점이란 글자 그대로 '100가지 물건을 파는 가게'라는 뜻이지만, 영어로는 'department store'다. 산업혁명 이후 그 이전에는 생각지도 못한 물건이 쏟아져 나왔다. 물건이 많이 생산되었다고 해서 백화점이라는 시설이 금방 생길 수는 없었다. 백화점이 'shop'이 아니라 널찍한 'store창고'가 된 것은, 소매로 저렴하게 판매할 목적으로 구축한 상품의 저장고였기 때문이다. 상품을 잘 보이게 하려면 백화점 안을 환하게 하고, 마치 부서를 분류department하듯이 수많은 물건을 동심원으로 잘 분류하여 갖추었다.

박람회는 그 뒤 백화점이나 쇼핑몰, 유원지로 이어졌다. 이 시대 파리에서 박람회만큼 중요하고 급속하게 발전하면서 시민의 소비생활을 바꾼 공간이 백화점이었다. 봉 마르세Bon Marché는 언제나 열리는 축제, 하나의 제도, 환상의 세계, 장대한 규모의 스펙터클이 되었다. 제1회 만국박람회에서 수정궁을 선보인 후 2, 3년마다 유럽과 미국 각 도시에서 열리는 만국박람회에 우뚝 선 근대건축은 가장 일상적인 '소비의 전당'과 건축적으로 아주 닮아 있다. 그리고 비슷한 시기에 백화점이 나란히 발전했다.

건축학과 교과서에서는 백화점을 막연하게 설명한다. "백화점은 공급과 소비의 매개체 역할뿐 아니라, 인간의 사회생활과 유기적인 관계를 맺는다. 영업을 통하여 고객에게 봉사하고, 편리함을 도모하며, 고객과 더불어 공동 이익을 추구하는 이념 아래 고객에 만족을 주는 것이어야 한다."[65] 그러나 "공급과 소비의 매개체"는 백화점만이 아니라 다른 종류의 상점에도 해당되며, 백화점이 아니더라도 인간이 이용하는 모든 건물은 원칙적으로 "사회생활과 유기적 관계"를 맺고 있다. 또한 "영업을 통하여 봉사하여 공동 이익을 추구한다."란 백화점만의 기능도 아니며, 백화점이라는 상점이 발생하게 된 원인도 아니다.

　지그프리트 기디온의 말대로, "백화점은 대량생산의 발달과 이에 따른 생산자와 소비자 사이의 직접적인 접촉이 상실됨에 따라 등장했다. …… '숍' 대신 '스토어'라는 이름이 쓰인 것은 백화점이 어떻게 나타났는지를 말해준다. 즉 '스토어'라는 말은 본래 저장소에 더 가깝다. …… 이러한 목적에 적합하도록 도서관의 서고나 시장처럼 백화점 안의 상품이 잘 보이게 해야 했고, 빛을 최대한 끌어들여야 했으며, 의사소통이 원활하도록 충분한 공간이 필요했다."[66] 이런 목적을 위해 만들어진 백화점이라는 시설은 기본적으로 점원이 손님의 취향을 알고 친숙하게 대하는 전문점과는 달리, 일정한 계층의 획일적인 소비자층을 대상으로 한다.

　장려한 건물 안에서 샹들리에가 빛나는 높은 천장과 대리석 바닥은 그야말로 궁전이었다. 더구나 이 궁전에는 누구나 자유로이 드나들고, 다양한 상품 중에 좋아하는 것을 고르고, 또 아무것도 사지 않은 채 넓은 장소를 어슬렁거릴 수 있는 특권도 주어졌다. 그러니까 백화점은 불특정 다수에게 열린 상점이다. 대중사회란 인간이 익명의 개인이 되고, 사람들이 비인격적인 관계를 맺는 사회다. 이에 따라 백화점이 손님과 가게를 비인격적인 관계로 만든 것이 아니라, 비인격적인 관계가 백화점이라는 상업 공간을 만들어낸 것이다. 백화점의 출현은 쇼핑이라는 행위에 공공성과 오락성을 가져왔고, 소비자를 왕으로 바꾸었다. 소비자는 대규모의 상품 앞에서 평등하다. 균일한 도시 공간을 모델로 하고 있기 때문에, 많은 물건은 격자형 복도로 분할된 점포에 전시되고, 아울러 전관이 균일한 온도로 조절된다. 고객은 전시된 물건처럼 남에게 보여지기를 원한다는 점에서, 백화점은 또 다른 의미의 근대적 공공 공간이기도 했다.

백화점의 에스컬레이터는 방문자들을 다른 층으로 쉽게 이동시켰다. 그보다 먼저 사람들을 백화점으로 옮겨준 것은 19세기 말부터 급속하게 발달한 대중교통이다. 무엇보다도 승합마차와 철도마차, 전차와 버스, 지하철 덕에 싼 값으로 백화점까지 올 수 있었다. 다양한 계층을 백화점에 오게 만든 결정적인 역할은 역시 일간신문 광고였다. 오늘날의 표현을 쓰자면 정보의 발달이다. 흔히 근대건축을 두고 기술의 발달로 이루어졌다고 하지만, 기술은 거장의 작품으로 해석되기 한참 전부터 백화점과 같은 빌딩 타입에 깊은 영향을 미치고 있었다.

이런 형식의 새로운 상업 공간을 창안한 이는 파리에 봉 마르셰를 연 아리스티드 부시코Aristide Boucicaut인데, 그는 건축가가 아니었다. 이런 새로운 유형의 건물은 건축가 밖에 존재했다. 건축하는 사람들은 이런 말을 들으면 금방 르 코르뷔지에의 사보아 주택Villa Savoye을 머리에 떠올릴 것이다. 그러나 사보아 주택이 만들어지기 이전에 이미 백화점에서는 마치 산책하듯이 물건과 공간 사이를 돌아다니는 경험을 했다.

1865년에 창업한 파리의 또 다른 백화점 프랭탕Printemps은 1911년 신관을 지으면서 매장 위에 지름 25미터, 높이 50미터짜리 유리 돔을 올렸다. 그로써 백화점이 궁전이나 교회와 같은 위용을 과시하게 되었다. 좌우 기둥에는 유리 엘리베이터가 보이고, 스테인드글라스를 통해 비치는 빛은 호화로운 상품과 귀족적 취미를 고객에게 내리는 듯이 보였다.

근대 백화점은 모든 물건을 한 장소에서 팔기 위한 곳이다. 따라서 과거의 시장처럼 놓이는 장소에 따라 구분되지 않는다. 최초의 백화점 슬로건은 "한 지붕에 모든 물건이"와 "정가 판매"라는 문구였다. 이때 '한 지붕'이란 무한 공간을, '모든 물건'이란 장소와 무관한 모든 사물을, 그리고 '정가 판매'란 물건이 추상적 관계에서 매매됨을 뜻한다. 1900년대 세계 최대의 통신판매회사였던 몽고메리 워드Montgomery Ward의 안내서*에 나온 본사 건물의 단면도를 보면, 백화점이란 '한 지붕'으로 덮인 정원 속에 '모든 물건'이

파브리크fabrique처럼 진열된 곳임을 알 수 있다. 백화점의 단면은 여객선의 단면과 비슷하다. 근대 기술과 근대사회는 모두 '장소'를 잃고 균질 공간이 필요했던 것이다.

백화점은 수많은 상품이 자유로이 진열된 풍경을 보면서 걷는 새로운 경험을 제공하였다. 사람들은 마치 파노라마를 보듯이 유동했다. 이는 19세기 철도가 등장하면서 경험하게 된 파노라마적 공간과도 관계가 있다. 차창으로 바라보는 조망은 풍경을 차례로 바꾸어 가는 파노라마의 세계였다. "우리는 백화점에서의 상품 현상을 파노라마적이라고 부를 수 있다. …… 가속화된 열차의 속도가 여행자의 풍경에 대한 관계를 변화시킨 것처럼, 구매자의 상품에 대한 관계를 변화시킨다. 이 관계에서는 정적인 상태, 집중성, 아우라가 상실된다. 그것은 더 유동적인 된다."[67] 백화점은 새로운 공간, 새로운 기술과 사물, 새로운 구매 방법이 만든 빌딩 타입이었다.

백화점이라는 빌딩 타입에 주목한 이유는 새로운 상업 시설을 생각하기 위함이다. 백화점은 왜 당시에 생겨야 했으며, 무슨 목적으로 100가지나 되는 물건을 한 장소에서 팔아야 했는지를 묻는 것이다. 그리고 사람들은 백화점에서 어떻게 물건 고르기를 좋아하고, 점원은 어떻게 손님을 대하는지, 또 판매 방식은 전문점과 어떻게 다르며, 앞으로도 이 방식이 유효한지를 묻는 것이다. 이렇게 백화점이라는 제도와 시설을 함께 생각하지 않으면 새로운 상업 건물을 만들어낼 수 없다.

백화점과 또 다른 공간의 형식으로는 쇼핑몰shopping mall이 있다. 첫 번째 쇼핑몰은 1985년에 문을 연 캘리포니아 샌디에이고의 웨스트필드 호튼 플라자Westfield Horton Plaza였다. 쇼핑몰이 생긴 지는 불과 30년 정도밖에 안 되었다.

철도역

흔히 근대건축이라고 하면 보편적인 균질 공간을 떠올리지만, 이러한 특징이 건축에서 시작된 것은 아니었다. 보편적인 균질 공간은 16세기부터 19세기까지 세계 각지를 탐험한 여행에서 이미 경험하고 있었다. 이러한 지리학적 경험이 먼저 있고 나서 철학자 칸트가 선험적으로 보편적인 균질 공간의 개념을 자연스럽게 등장시킨 것이다. 20세기의 균질 공간이나 건축과 도시계획의 유토피아는 바로 이러한 일상의 실체 체험을 통해 얻은 개념이다.

철도는 도시에 역을 만들었고, 철도 역사는 그 도시의 얼굴이었다. 그렇기에 역사驛舍는 교회나 시청사처럼 도시를 대표하는 상징적인 시설이었다. 그런데 19세기 유럽 각 나라의 수도에 위치한 역은 국내 각지에서 수렴하는 종착역으로 만들어졌기 때문에, 이전 도시의 '문'이었던 장소를 택했다. 도시의 문은 이제 역으로 바뀌었는데, 이제까지 내부였던 도시가 철도로 얽힌 외부로 확장하기 시작한 것을 의미했다. 르네상스풍의 구 서울역사도 산업화 시대까지 서울에 첫발을 내딛는 이들에게 희망의 상징이었다.

철도의 종착역은 시가지 주변, 말하자면 도시와 전원의 경계에 세워졌다. 그렇다보니 도시에 대한 얼굴과 전원을 향한 얼굴을 둘 다 가지고 있었다. 철도역의 정면은 거리에 늘어선 석조의 고전적인 표정을 하고 있지만, 안은 전혀 달랐다. 안은 철골과 유리가 새로운 시대의 대공간을 덮고 있었다. 플랫폼을 덮은 철골과 유리는 철도라는 기술을 따르고, 도시를 향한 역의 파사드는 기념비적인 역사적 양식을 따랐다. 도시를 향한 얼굴은 건축가가 만들었고, 전원을 향한 얼굴은 기사가 만들었다. 철도역은 이렇게 도시의 외부인 동시에 내부였다.

철골과 유리로 만들어진 철도역은 온실 건축에서 비롯되었다. 온실은 자연이 갖는 속성 중에서 햇빛, 공간의 전개, 나무를 유리라는 보이지 않는 경계로 내부화한 것이다. 온실이 철도역사의 지붕을 덮자 증기기관차라는 최신 기술만이 아니라, 신문·잡지·문고라는 최신 정보가 모였고, 또 이를 찾는 군중을 보기 위한 전시장 같은 곳이 되었다. 인공의 자연 속에서 사람과 물건의 순환circulation은 그야말로 장관이었다.

화가 클로드 모네Claude Monet는 1877년 생라자르역Gare Saint-Lazare에서 허가를 받고 들어간 4개월 동안 증기기관차의 연기가 가득 찬 역의 풍경을 열 장 이상 그렸다. 생라자르역은 파리에서 제일 먼저 생긴 역이었다. 무엇이 모네를 그곳으로 끌어들여 공간을 그리게 한 것일까? 그에게 철도역은 충격이었다. 그는 기차역을 가득 채우는 증기, 증기가 사라지면서 장대한 유리 천장을 투과하여 역사 안으로 환하게 스며드는 햇빛 속에 무한히 확대되어 가는 공간을 그리고 싶었다.

증기기관이 근대 공업을 일으켰다면, 증기기관으로 작동하는 증기기관차가 근대 도시를 만들었다. 증기기관차를 영어로 'loco-motive'라고 하는데 이는 라틴어로 '장소locus'와 '이동motus'을 합친 말이다. 증기기관차는 사람이나 물건을 고속으로, 그것도 대량으로 이 장소에서 저 장소로 이동시켰다. 이때 사람과 물건의 흐름을 실체로 만든 것이 철로와 역이었다. 근대의 여행은 철도 여행과 자동차 여행이었으며, 그 뒤 비행기 여행으로 바뀌어갔다.

역사학자 볼프강 슈벨부시Wolfgang Schivelbusch가 지적하였듯이, 철도 여행은 그야말로 공간에 대한 경험을 크게 바꾸었다.[68] 철도는 도보로는 전혀 경험할 수 없는 속도로 장거리를 돌파했다. 철도 여행의 속도 때문에 여행자는 차창을 통해 보이는 풍경을 그가 있는 공간과는 전혀 다른 것으로 지각하였다. 이런 속도에서 풍경의 변화란 별 차이가 없었다. 여행자는 기차를 타고 움직이는데도 차창을 통해 보이는 바깥 풍경과는 무관한 독립적 주체가 되어 한눈에 조망하는 듯한 착각을 느끼게 되었다. 그 결과 철도로 얽힌 모든 영역이 보편적인 균일 공간, 하나의 전체로 인식되었다. 그뿐 아니라 철도가 다시 기선과 접속하면서, 지구 전체를 하나의 영역, 외부가 없는 하나의 균질 공간으로 구축하고 있음을 경험하게 되었다.

헤테로토피아

개념상으로는 근대도시 공간이 균질했다고 말하지만 그렇다고 해서 도시가 모든 측면에서 균질한 것은 아니었다. 현실에서는 도시 공간이 전혀 균질하지 못하다. 공간과 땅이 재화로 거래되려면 그것을 잘라 가격을 매겨 팔고 살 수 있어야 하고, 또 그 공간과 땅의 가치를 재생산하는 건물을 만들어야 했다. 그러나 가치가 높은 것은 반대로 가치가 낮은 것이 있을 때 가능하다. 도심의 오피스 빌딩이나 상업 시설, 중산층 이상의 주택지는 가격이 높게 매겨지지만, 이와 달리 시장에서 배제된 부분이 도시 안에 생겼다. 모든 것이 균등하게 유통하고 이동하는 근대 도시에서 노동자 주거지, 빈민 거주지처럼 가치를 얻지 못하고 구분되고 배제된 공간들이 나타났다. 근대의 도시 공간이 절대적으로 균질하다고 보는 것은 잘못이다. 오히려 그 반대다.

사회학자 앙리 르페브르Henri Lefebvre는 이렇게 다른 지역과 차이를 갖는 공간을 '헤테로토피héterotopie'라고 했다. 푸코도 헤테로토피아를 통해 편견이 아닌 시각으로 도시의 현실을 만드는 공간, 장소를 직시하라고 강조했다. 그는 다른 모든 장소와 관계하면서 동시에 그것과 모순하는 이상한 장소로 유토피아와 헤테로토피아를 들고 있다. 유토피아는 현실에는 존재하지 않은 채, 단지 사고 안에서만 있는 공간이다. 그러나 헤테로토피아는 모든 공간 바깥에 놓여 타자가 되어버린 공간, 거부당함으로써 현실을 투영하는 공간이다. '헤테로'란 '이질적인 것을 포함한다'는 뜻이므로, 헤테로토피아는 "그 자체 안에 몇 가지 이질적인 요소를 포함하는 장소"라는 뜻을 가졌다. 물론 이 말은 푸코가 만든 조어다.

이처럼 헤테로토피아는 현실 안에 있는 장소다. 실제 시설이나 제도 안에 있으면서도 현실에서 벗어나게 하는 장소다. 푸코는 이런 장소로 미술관, 도서관, 오리엔트 정원, 테마파크, 식민지, 사창가, 배 등을 꼽는다. 홍콩의 구룡채성九龍寨城, Kowloon Walled City 같은 곳이 헤테로토피아의 극단적인 사례일 것이다. 이 장소는 1993

년에 철거되어 오늘날에는 공원이 되었지만, 홍콩 중심부의 섬처럼 한정된 장소에 1제곱킬로미터당 난민 180만 명이 거주했다. 인류 역사상 인구밀도가 가장 높은 지역이었고, 그 위로 카이탁공항 Kai Tak Airport이 있어 비행기가 늘 낮게 지나다녔다.

그런데 이것말고도 모더니즘의 중심에 있지 못하고 그 주변에 놓인 헤테로토피아가 여러 군데다. 건축 시설로는 정신병원이나 감옥과 같은 격리 시설, 극장, 홍등가, 묘지, 양로원, 박물관, 도서관 등이 그렇다. 여기에 박물관과 도서관이 들어가는 이유는 이미 죽은 시간에 속하는 정보를 주는 시설이라고 보았기 때문이다. 시장을 매개로 근대 도시에서 만들어졌지만 정상적인 공간과 구별되어 배제된 또 다른 공간이다. 푸코는 이를 현실 속의 '다른 공간other space, des espaces autres'이라고도 표현했다.

헤테로토피아를 진지하게 생각해야 하는 이유는 과연 무엇일까? 소녀시대, 슈퍼주니어, 보아, 동방신기 등이 한류를 주도해 온 시절, 열혈 팬들이 유명 가수를 보고자 밤낮 가리지 않고 SM엔터테인먼트 압구정 사옥 앞에 무리 지어 있었다. 그곳은 학생들의 부모나 어른들 눈에는 주변으로부터 타자가 되어버린 공간이었다. 하지만 정작 그 자리에 모인 이들에게는 지극히 현실적이면서도 현실에서 벗어나게 하는 장소였다. 그런데 그들은 그저 모여 있기만 한 것이 아니라, 자발적으로 만든 각종 표현물을 공유했으며 여태 볼 수 없었던 창의적 문화 활동과 한류 에너지를 생산했다. 다만 사옥 앞에 적당한 장소가 없어서 그저 밤낮으로 서성거리는 이들로 비춰졌을 뿐이다. 만약 이들에게 적절한 공간이 주어진다면 이 열성적 행동이 어떻게 바뀔 것인가 하는 생각을 한 적이 있었다. 그 뒤 컨벤션센터 코엑스coex에 'SM아티움'이라 불리는 코엑스아티움이 마련되었다. 이 새 건물에는 열혈 팬들이 제자리를 잡았고 직접 만든 것들이 문화상품으로 재탄생했다.

무리 지어 있던 사옥 앞이나 코엑스아티움은 모두 헤테로토피아다. 다만 다른 점이 있다면 이전에는 배제되어 드러나지 않았던 것들 '사이'에서 가능성을 찾아 변화시켰다는 사실이다. 이 사례는 우리가 설계하는 학교, 도서관, 주택 등에서 '사이'를 발견하여 또 다른 건축으로 만들어갈 수 있다는 점을 시사한다. 헤테로토피아 안에는 새로운 건물이 나타날 가능성이 숨어 있다.

현대건축의 모델

20세기를 상징하는 빌딩 타입은 공장이었다. 공장과 같은 주택에 살고, 공장의 생산 라인과 같은 전차를 타고, 공장과 같은 학교나 오피스에 다니고, 공장과 같은 병원에서 치료한다. 그곳에서 인간은 똑같은 모습과 성질을 지닌 기계나 수치와 같은 것으로 취급되었다. 그래도 그 이전의 빌딩 타입이 신이나 왕을 위한 것이었음을 생각하면 진보였다.

현대건축을 구체적으로 실천하려면 소리 없이 일상생활에서 도시를 바꾸고 있는 빌딩 타입이 어떻게 변모하는가에 주목해야 한다. 특정한 빌딩 타입은 건축설계의 모델이 되기도 한다. 예를 들어 모더니즘에서 장식을 없앤 기능주의적인 시스템으로 결정되는 이상적인 모델로서 '공장'이나 '사일로silo'를 든 것이 그러하다. 공동주택과 사무소 건축이 20세기를 대표하는 것도 실은 공간을 적층하여 효율적으로 사용하는 빌딩 타입이었기 때문이다.

20세기에 들어와 종교건축은 그 위세를 잃었지만, 공공 건축은 건축가의 중요한 작업 영역으로 여겨졌다. 이에 영향을 받은 종전의 '건축계획각론'은 필요한 기능을 해석하고 효율적으로 설계하기 위해 빌딩 타입을 설명하기 위해 저술되었다. 그 순서는 대개 주택에서 문화적인 건물, 상업 건물, 공장 건물 순이다.

그렇다면 오늘날의 건축과 도시의 모델이 되는 빌딩 타입은 무엇일까? 그것은 아파트나 박물관이 아니라 철도역, 공항, 쇼핑센터다. 특히 공항은 많은 사람이 오가고 건물이 자동차, 철도 등 다양한 교통수단과 직접 연결된다. 공항은 도시에서 가장 먼 곳에 떨어져 있는데도 거대한 연결망을 가지고 있다. '이동'은 현대건축과 도시를 새롭게 생각하게 한다. 또 건축물이 목적점이 아니라 통과점이라는 공간 체험의 변화를 가져온다. 공항이 목적점이 아니라 통과점이라면, 현대건축은 언제나 외부에 접속되는 통과점인 공간이 되고자 한다.

철도역

'철도鐵道'는 문자 그대로 '철鐵의 길道'이다. 그래서인지 루이스 칸은 일찍이 "철도역은 건물이기 이전에 길이 되려고 한다."[69]고 말했다. 이 말은 1955년에 한 말이다. 그는 철도역이 철도라는 교통의 흐름과 그 시설을 이용하는 수많은 사람, 그리고 그 앞을 지나는 이들의 복잡한 흐름을 자연스럽게 이어주는 '길'로 설계되어야 한다는 뜻을 강하게 표현하고 있다.

역이란 그 자체가 목적지가 아니라 이동하는 장소다. 아마도 루이스 칸이 철도역을 예로 들어 건물로 분화되기 이전에 길이 되어야 한다고 말한 것은, 건물이 목적지로 분화되기보다 도시 안에서 하나의 통과점으로 만들어져야 한다고 이해할 수 있다.

이는 철도역만이 아니라 모든 건물에 해당된다. 따라서 "모든 건물은 건축이기 이전에 길이 되려고 한다."고 바꿔 말할 수 있다. 철도역은 건물로 분절되기 전에 길과 이어진 도시적 산물이었다. 도시에는 수많은 시설이 건물로 존재하며 길로 이어진다. 그러나 우리가 사는 도시에서는 건물이 길과 분절되어, 건물은 이어지게 되는 것, 길은 이어주는 것, 건물은 이어지게 되는 목적, 길은 이어주는 수단이라는 인식이 아주 강하다. 건물이 먼저 있고, 그 다음에 길이 있다는 생각이다.

각 도시는 철도망으로 얽히게 되었다. 역이라는 건축물과 철도는 도시에 속하는 내부이면서 그 내부를 계속 확장해가는 외부가 되었다. 철도망은 뚜렷한 중심을 가지고 있다. 철도를 통해 균질 공간을 지각했다고는 하나, 한국은 거의 수도권 철도망에 한정되어 있다. 다만 먼 곳은 빠르게 이어주지만, 정작 철도가 지나는 좌우 공간을 단절하고 지역의 균형적인 발전을 저해했다. 서울

역사도 오늘에 이르기까지 철도로 분단된 동서 지역을 잇는 데 성공하지 못하고 있다. 최근 유럽에서는 철도로 분단된 도시 공간을 자본과 프로그램이 집중된 역사 건물로 연결하고자 노력하고 있다. 역사 건물은 이제 철도로 나뉜 지역을 이어주고 활기를 되찾게 하는 '도시 커넥터'의 역할까지 수행해야 한다.

공항

철도가 도시에 역을 만들 듯이 비행기는 공항을 만들었다. 전 세계 항공기 이용객은 2014년에 연간 33억 명이었으며, 2017년에는 이미 39억 명을 넘었다. 역은 도시 내부에 있으면서 도시의 외부와 이어지는 입구였다. 오늘날 공항은 도시를 방문하는 이들에게 최초의 도시 공간이며, 역과 같은 도시의 관문이다. 공항은 언제나 도시 외부에 놓인다. 공항은 대도시 근교에 뚫린 거대한 '빈 곳 void'이다. 활주로나 주차장을 만드는 데 넓은 공지가 필요하다는 뜻만이 아니라, 도시의 이름이 붙어 있는데도 실제로는 도시 안에 존재하지 않는 빈 곳이다.

인천국제공항은 인천에 있지 않고 인천 외부에 떨어져 위치한다. 인천국제공항에 내려도 인천이라는 도시를 직접 볼 수 없다. 인천국제공항이라고 말하지만 실은 서울국제공항과 같은 것이다. 그렇다고 서울이라는 도시 안에 있는 것도 아니다. 공항은 어떤 나라에 속해 있지 않은 장소다. 공항이 국제항공노선에 위치하는 한 점이듯 공항은 특정 나라에 속하기 이전에, 도시와 도시를 연결하는 하나의 점이다. 이처럼 공항에서 출입국심사, 세관심사를 받고 빠져나가는 과정에서 사람들은 그 나라에 있는 동시에 있지 않는 경험을 하게 된다. 공항이라는 건축은 분명히 도시와 관련을 맺고 있으면서도, 도시의 중심에서 크게 벗어난 외부에 고립하여 존재하는 것이다. 공항은 도시의 완벽한 외부다. 따라서 공항은 도시건축이 아니다.

건축평론가 한스 이벨링스Hans Ibelings는 1990년대에는 공항이 마치 포스트모더니즘의 미술관과 같은 것이었다고 지적한 바 있다.[70] 그런데 오늘을 대표하는 건물 유형은 공항이다. '에어시티 aircity'라는 말이 나올 정도로 공항은 비대해졌다. 건축가 오스발트 마티아스 웅어스Oswald Mathias Ungers는 "현대도시는 공항과 같다."고 말한 바 있다.[71] 또한 건축가 노먼 포스터Norman Foster는 '도시인 공항'이 아니라 '공항인 도시'라고 했는데, 이 말은 '무인無印 도시'라는 의미에 더 가깝게 들린다. '도시인 공항'은 공항이 도시처럼 크고 도시에 버금가는 기능을 다 갖춘 도시다. 그러나 '공항인 도시'는 도시가 공항과 같은 공간, 장소, 시간, 기능의 배분, 여행과 이동이라는 속성을 가진 도시적 상황을 말한다.

도시문화연구자인 이언 챔버스Ian Chambers는 미래의 도시 모델은 공항이라고 보는 철학자 폴 비릴리오Paul Virilio의 말을 인용하며 이렇게 말한 바 있다. "공항은 시뮬레이트된 메트로폴리스이며, 현대의 노마드들이 살고 있다. 곧 코스모폴리탄의 존재를 집단적으로 은유하고 있다. 여행의 쾌락은 공항에 도착하는 것만이 아니라 특정한 장소에 있지 않는 동시에 어느 곳에도 존재한다는 것이다. 이는 현대의 여행자들만이 아니라, 서구의 많은 지식인이 경험하고 있는 바다. 말하자면 이들은 길을 '어슬렁거리는 자flaneur'가 하늘을 '미끄러지듯 나는 자planeur'가 된 것이다."[72]

공항은 하이테크의 대공간으로 이루어진다. 이 공간 안에서는 출발과 도착이라는 흐름이 합리적으로 정리되어 있다. 공항은 기능적으로 보면 비행기에 오르내리도록 하는 건물이지만, 사용자 입장에서 보면 공항은 출발점이고 도착점이다. 공항과 철도역은 자동차에서 철도로, 철도에서 비행기로 교통수단이 바뀌며, 출발과 도착이 교차하는 이동의 건축이다.

비행기로 이동하게 되면서 보편적 균질 공간은 진정한 의미에서 더욱 현실화되었다. 비행기는 도시에서 도시로 이동하는 것이 아니라 공항에서 공항으로 이동한다. 공항과 공항은 다른 것을 개입하지 않고 거리를 의식하지 못한 채 직접 접속된다. 공항은 극단적으로 로컬local하지만, 반대로 극단적으로 글로벌global한 성격도 갖는다. 무언가를 거치지 않고 직접 접속되는 건축과 도시,

이는 지하철에서도 매일 체험하는 공간 경험이다.

공항을 통해 비행기로 이루어지는 여행은 지구라는 공간을 균질 공간으로 바꾸는 힘이 있다. 사람은 비행기로 여행하면 바깥 공간이 변화하는 것을 거의 지각할 수 없다. 그저 가만히 앉아 있기 때문에 신체의 실체성이 사라지는 것이다. 비행기로 이동한 공간 전체는 하나의 균질 공간으로 변한다. 철도로 여행하면 신체가 공간이나 대상과 분리되어 있음을 인식하면서도, 차창 너머 풍경과 건축물이 변화하는 모습을 지각할 수 있다. 그러나 비행기로 하늘을 이동하면 여행자는 속도를 거의 느끼지 못한다. 공항에서 공항 사이의 거리는 오직 두 공항 사이에 경과한 시간으로만 인식한다. 더구나 비행기로 이동하면 국경을 넘었다는 사실이 그다지 큰 의미가 없다.

홍콩은 세계에서 가장 간단하게 공항에서 시내로 연결되는 도시라서, 공항의 출입구가 마치 역의 개찰구와 같은 느낌을 준다. 홍콩은 신공항에 도착해 곧장 걸으면 버스로 이어진다. 공항에 도시의 기능을 부가하는 것이 아니라, 도시가 공항의 기능을 갖게 만드는 것이다. 홍콩을 이렇게 해석하면, 공항이라는 시설은 건물 유형에 머물지 않고 도시로 확산된다. 이로써 도시 자체가 공항과 같은 시스템으로 변화하는 모습을 보게 된다. 이런 의미에서 홍콩은 '공항 도시'라고 말할 수 있을 것이다.

이는 곧 현대 도시에서 건축 시설이란 하나의 단일한 용도로만 머물지 않고, 시설이 도시의 성격과 조직을 갱신함을 의미한다. 또 건물이 비행이나 철도 등의 탈것과 따로 있지 않고 이동 공간이라는 연속적인 관계로 바뀌어갈 수 있음을 보여준다. 탈것이 이동 공간이고 건물이 정주 공간이라면 이동 공간과 정주 공간이 명확하게 구별되지 않는 상태를 예고한다고 할 수 있다.

공항은 거대한 공간 안에 건축적 요소를 건너뛰고 숍이나 키오스크와 같은 가구 스케일의 매장을 둔다. 콩코스concourse의 바닥도 이음매 없이 연속적이어서 수많은 사람이 공간을 연속적으로 경험할 수 있다. 공항은 우연한 만남과 움직임 속에서 존재하는 현실의 도시를 그대로 압축해 놓았다. 전 세계 어디를 가도 똑같은 공간이어서 장소의 감각과 일상의 시간은 사라진다.

공항은 현대사회의 인간과 사회를 압축적으로 보여주는 공간이기도 하다. 다른 사람이 누구인지, 무엇을 하러 가는지, 무엇에 대해 관심이 있는지 알 필요도 없고 알려고도 하지 않는다. 그곳에서는 혼자다. 혼자서도 얼마든지 여행할 자신이 있다고 여기지만, 그럼에도 무사히 여행할 수 있을까 내심 우려한다. 공항은 서로가 서로에게 타자인 사람들이 모여 움직인다. 이는 마을의 집회소와 같이 일반적인 공동체와는 상반된 인간의 집합체다.

면세점이 있는 공항은 쇼핑센터를 그대로 닮아간다. 다만 쇼핑센터에서 물건을 사는 것과는 다르다. 트랜싯transit 룸은 다양한 국적의 사람들이 비행기를 타기 직전에 모이는 장소이며, 다른 건물 유형에서는 볼 수 없는 고유한 풍경이다. 이러한 개념을 통해 공항은 사람들이 타고 내리는 터미널의 기능을 넘어 호텔이나 상업 시설, 유연한 환승 시설을 갖춘 교통의 결절점으로 국제성이 풍부한 대도시의 시대를 예고한다. 우리는 거대한 건축 공간이, 이동하는 작은 도시가 되어가는 가능성을 공항에서 발견한다.

쇼핑센터

도시를 바꾸는 데 영향을 미친 한 가지 건물 유형은 쇼핑센터였다. 미국에서 쇼핑센터가 생긴 것은 1920-1930년대였지만, 제2차 세계대전 이후 비로소 오늘날과 같은 대규모 쇼핑센터가 나타났다. 교외 주택지가 발달하고 간선도로가 잘 정비되어 많은 소비자가 자동차로 물건을 사러 오게 된 것이 그 배경이었다. 이렇게 쇼핑센터는 도시 주변부를 경제적으로 독립시키고 자동차 중심으로 상업 공간을 재편성하는 모델이 되었다.

쇼핑센터는 여러 소매점이 하나의 장소나 건물에 모여 있는 시설을 일컬으며, 쇼핑몰은 쇼핑센터에 포함된다. '몰mall'이란 보도나 상점가를 의미하고, 대체로 상점가의 구조와 구성을 따른다. 건축가 빅터 그루엔Victor Gruen이 설계한 노스랜드센터Northland

Center*는 주차장에 둘러싸여 있는데, 주차장은 쇼핑센터 면적의 열 배가 넘으며 무려 8,671대를 주차할 수 있다.

쇼핑센터의 또 다른 모습으로 아웃렛 매장outlet store이 있다. 'factory outlet store공장직영매장'라고도 하는데, 흠이 있거나 수량이 모자라는 물건을 처분하기 위해 시작했으나, 대형 소매업 재고도 팔게 되었다. 아웃렛 매장이 호조를 보인 것은 이국적으로 연출된 공간에서 즐거운 기분으로 물건을 저렴하게 구매하고, 실질적이며 현명한 소비를 지향하면서부터였다. 오늘날 파주와 김포 등지에 있는 아웃렛 매장은 작은 디즈니랜드를 모사하고 있다.

슈퍼마켓도 이제는 일반적인 상점의 한 종류다. 슈퍼마켓은 얇은 비닐로 덮인 균질한 물건을 자유로이 선택하는, 이른바 셀프서비스라는 구매 행위를 일상생활에 정착시켰다. 값이 조금 저렴한 대가로 손님은 손수 고른 물건을 카트에 싣고 다니며, 계산대 앞에서 줄 서서 기다려야 한다. 이런 상업 공간에서는 점원과의 열띤 거래가 필요 없다. 묵묵히 물건을 계산대까지 가져가 디지털로 기록된 값을 지불하면 그것으로 족하다.

오늘날에는 대형 할인 매장이 쇼핑의 많은 부분을 점한다. 이는 창고와 구매자 사이에 있던 중간 상점을 배제한 것이다. 마치 아무나 들어갈 수 없는 생산자의 창고에 특별한 권한을 갖고 잠입한 느낌을 주려고, 매장은 회원만이 출입할 수 있게 했다. 이런 매장을 빅 박스big box라고도 하는데, 바닥 면적이 하도 넓어 위에서 볼 때 거대한 상자 같다고 하여 붙여진 이름이다.[73] 백화점은 아케이드와 대형 할인 매장의 중간쯤에 위치하는 상업 건물이다.

공공이 아닌데도 공공의 효과를 내는 것이 쇼핑몰이다. 쇼핑몰은 아주 융통성이 높고 서로 다른 건물 유형을 연결하는 힘이 있기 때문이다. 쇼핑은 공간, 건물, 도시, 행위를 이어주는 매개물이라고 말한다.[74] 따라서 공항, 교회, 테마파크, 도서관 등 상상할 수 있는 모든 프로그램 속으로 연결하고 확대한다. 쇼핑은 도시 생활의 거의 모든 측면에 개입해 있다. 타운 센터, 교외, 가로, 공항, 철도역, 박물관, 병원, 학교 군사시설 등이 쇼핑의 메커니즘과 공간으로 결정된다. 통행하고 이동하는 교통 공간의 특질이 공공 공간을 형성하고, 이 공간을 매개로 빌딩 타입이 또 다른 빌딩 타입으로 변화한다. 과거의 파사주passage가 전천후 공간이었듯이, 에어컨으로 얻어진 균질 공간을 통해 실현되는 것이다. 쇼핑은 독일 철학자 발터 베냐민Walter Benjamin이 말하는 파사주를 오늘날의 어법으로 번역한 것이다.

2002년 렘 콜하스는 대학원생들과 함께 하버드대학원 도시 연구인 'Project on the City' 제2권으로『하버드디자인스쿨 쇼핑 가이드The Harvard Design School Guide to Shopping』을 발간했다. 책에는 미국이나 유럽만이 아니라 일본, 싱가포르, 인도네시아 등이 등장한다. 그들은 쇼핑과 관련된 에어컨과 에스컬레이터 등의 기술, 역사, 계획, 도시, 전략을 다루며 쇼핑이 어떻게 도시를 형성하는가를 여러 각도에서 검토했다. 그리고 "공공적 활동의 가장 마지막에 남는 형태라고 해도 좋을 것"이라며 현대건축과 도시에서 일어나는 쇼핑의 의미를 전면에 내세웠다.

빌딩 타입의 교환

쇼핑

'쇼핑'은 물건을 사는 것만이 아니라 '교환'이다. 쇼핑은 공간이나 건물, 도시나 행위를 이어주는 매개체다. 그렇기에 여기저기 파고든다. 지하철은 커다란 몰과 이어지고, 면세점은 공항에서 중요한 요소로 자리 잡은 지 이미 오래되었다. 미술관도 입장 수입보다 아트 숍에서 올리는 판매액이 더욱 높다. 도서관이나 대학, 병원에서 역시 쇼핑을 위한 시설을 더욱 확대하는 추세다. 심지어 교회 안에 쇼핑센터를 두는 경우도 있다. 이처럼 쇼핑은 도시의 공적인 생활과 관계하며 확장된다. 그 대신 시장의 요구와 직접적인 관계가 있으므로 대중이 어떤 관심을 가지는가에 집중하게 되어 있다. 쇼핑을 전제한 건물이나 공간은 오래가지 못한다. 늘 바뀌고 순환해야 한다는 조건이 있기 때문이다.

빌딩 타입의 교환을 가장 먼저 흥미롭게 서술한 것은 발터 베냐민의 『파사주론Das Passagen-Werk』이다. 파사주˚는 실내 공간이 밖으로 걸어 나오고, 가로는 방이 되며, 방은 가로가 된다. "가로는 집단의 주거다. …… 신문 스탠드는 집단에게 도서관이며, …… 노동자 쪽에서 보면 파사주는 살롱이다. 가로는 파사주에서 대중이 살기에 익숙해진, 가구가 정돈된 실내라는 것이 분명해진다." 이처럼 19세기 말 파사주라는 상업 공간에 모이는 사람들은 사물을 달리 인식하는 데 주목했다. 이들은 파사주가 살롱이 되는 빌딩 타입의 교환을 경험했다. 또 이런 말도 있다. "거리는 산책자의 거주지가 된다. 산책자는 시민이 자신의 집에서 그러하듯 건물들의 외관에서 편안함을 느낀다. 산책자에게 빛나는 에나멜을 칠한 상점의 간판은 부르주아 살롱의 벽 장식과 유화처럼 좋은 것이다. 벽은 그가 자신의 노트를 내려놓는 책상이고, 신문 가판대는 그의 도서관이며, 카페 테라스는 일이 끝난 후 가족을 내려다보는 발코니다."[75] 이는 단순한 은유가 아니다. 실제로도 사람들이 그렇게 인식하고 있기 때문이다. 파사주는 어떤 빌딩 타입이 다른 빌딩 타입으로 연결되는 바를 잘 나타내고 있다. 또한 이런 사물이 지니는 의미가 교환되는 중간자였다.

파사주란 통행, 통로, 여행, 이주, 통로, 수로, 항로, 변화, 변천이라는 뜻이다. 문자 그대로 무언가 이어주는 교통의 공간을 말한다. 파사주의 회랑에서 백화점이 나타난다. 예술을 수집하는 곳이 박물관이라면, 상품을 수집하는 곳은 백화점이다. 1850-1890년까지 나타난 박람회는 물건을 모은다는 점에서 박물관이나 미술관의 도식을 따른다고 할 수 있다. 그리하여 만국박람회는 "상품이라는 물신物神의 순례지"가 된다. 파사주는 근대건축사에서 미약한 존재이지만, 베냐민은 파사주를 포함하여 역, 전람회장, 백화점을 19세기의 가장 고유한 건축적 과제라고 말한다. 왜냐하면 이 빌딩 타입을 통하여 유보자가 생기고 군중이 나타났기 때문이다.

교통의 공간이라는 것이 구체적으로 어떤 것일까? 그것은 빌딩 타입의 교환이다. 빌딩 타입을 교환함으로써 설계할 때 새로운 발상을 불러일으킬 수 있다. 특히 주택은 모든 빌딩 타입의 원형과 같은 것이어서 주택을 설계할 때는 주택이 아닌 것으로 설계하기도 한다. 가령 병원을 주택과 같은 병원으로, 학교를 주택과 같은 학교로 생각할 때 고정된 개념에서 탈피할 수 있다. 서로 다른 빌딩 타입을 교환하거나 두 빌딩 타입 사이에 있는 공간적 특질을 생각하는 것은 유익하다. 역이나 공항은 통행과 이동에서 파사주와 비슷한 성격을 가지고 있어서, 그 고유한 성격을 이용하여 다른 빌딩 타입을 바꿀 수 있다.

컨버전

빌딩 타입은 교환된다. 주택인데 그 앞을 증축하고 교회 간판을 단 다음 지붕에 십자가 탑을 세우면 교회가 된다. 또 주택이었는데 어떤 종교 교단의 본부로 사용하거나 출판사 사무실로 쓸 수도 있다. 그뿐 아니라 주택인데 그 안에서 사주와 궁합을 보면 점집이 된다. 이는 한 성당이 도미니카넌서점Boekhandel Dominicanen이 되는 것과 근본적으로 다를 것이 없다. 네덜란드 마스트리흐트Maastricht에 위치한 이곳은 본래 1294년에 지어진 도미니코회 수도원의 고딕 성당이었는데 서점이 되었다. 수도원이 성당을 팔면서 서점을 택한 것은 오래된 성당의 형태와 공간을 크게 훼손하지 않고 가장 잘 보존할 수 있다고 여겼기 때문이다. 또 성당이라는 하나의 빌딩 타입이 서점이라는 용도를 받아들인 것이다.

　　　이런 방식을 컨버전conversion 또는 시설 전용轉用이라고 한다. 용도를 변경함으로써 생기는 시설의 대다수를 말하는데, 컨버전은 리노베이션과 같은 단순한 개수와는 달리 빌딩 타입 자체가 바뀐다. 교회가 컨버전된다는 것은 거룩한 장소로 지어진 시설이 강당이나 회의장이 될 때 사람들이 모인다는 점에서 유사한 특징이 있으나, 상점이나 레스토랑 혹은 어린이 놀이터나 주택으로 전용되는 사례도 볼 수 있다. 같은 건물인데 새로 지은 것이 아니므로 이를 두고 빌딩 타입이 교환되었다고도 표현할 수 있겠다.

일본 후쿠오카의 어느 '칸막이 라멘집'은 한 사람씩 따로 앉아 옆 사람의 시선을 의식하지 않은 채 식사할 수 있다. 말하자면 식당과 독서실이라는 빌딩 타입이 합쳐진 형태다. 아직은 빌딩 타입이라기보다 아직은 가구라는 레벨에 머문 것이지만, 의미상으로는 빌딩 타입의 교환에서 생긴 것으로 보아도 무방하다. 이런 사례는 도시 곳곳에서 발견된다. 뷰티숍인데 샐러드 바를 구비해 샐러드를 먹다가 머리를 매만지는 것인지, 아니면 머리를 다듬다가 쉬는 사이에 샐러드를 먹는지 모를 공간도 있다. 이처럼 두 빌딩 타입의 합성과 교환이 이루어지는 사례는 많다.

빌딩 타입이 교환되면 본래 그 빌딩 타입이 갖는 공간의 질도 교환된다. 파리의 클뤼니미술관Musée de Cluny은 본래 미술관으로 지어지지 않았다. 이곳은 로마제국의 유적이 남아 있는 장소로, 수도원으로 개축하여 사용되다가 지금은 훌륭한 미술관이 되었다. 수도원이 본래 가지고 있었던 공간의 질이 미술관의 그것과 연결되었기 때문이다. 빌딩 타입은 단지 기능만을 수용하지 않고, 빌딩 타입의 고유한 공간의 질까지 가질 수 있다. 공장이라는 빌딩 타입은 공장 특유의 공간적 특질이 있다. 힘 있는 노출 콘크리트의 볼트 구조와 기둥, 투명한 천창, 그리고 넓은 공간. 베이징의 '798 예술구798艺术区'는˙ 공장을 미술관으로 개장한 예로 유명하다. 이곳은 무주 공간無柱空間을 표방한 V자형 기둥에, 바닥에는 실제로 기계가 설치되었던 흔적을 살렸고, 볼트에는 "모주석마오쩌둥, 毛澤東 만세!"라고 쓰인 글자가 그대로 남아 있다. 공장이 기능을 잃어버리고 미술관으로 거듭날 때, 미술관과는 전혀 다른 물리적인 구성에 본래 의미까지 겹쳐 나타나게 된다.

대학가에서 'Room and Cafe'라는 간판˙을 단 카페를 본 적이 있다. 이 집은 주택을 개조하여 카페로 만들었는데, 앞에 내건 간판에 의외로 주택 평면이 잘 그려져 있었다. 주택으로 쓰이던 평면을 거의 그대로 사용하면서, 거실이었던 부분은 거실과 같은 분위기를 내는 가구로 꾸몄고, 공부방이었던 곳은 공부에 집중할 수 있는 가구를 배치해 과거의 주택 이미지를 그대로 간직하고자 했다. 가게 이름을 번역하면 '방과 카페'라는 뜻으로, 주택이라는 빌딩 타입과 카페라는 빌딩 타입이 교환된 것이다.

일본에는 '숙박 서점'이라는 장소도 있다. 'Book and Bed Tokyo'라는 곳인데, 말 그대로 '숙박할 수 있는 책방'을 표방하는 호스텔이다. 이런 방식은 폐교 건물을 미술관으로 바꾸어 생각할 때도 해당된다. 학교 건물은 대부분 기능주의의 산물이다. 그러나 폐교가 되어 아이들이 사라지면 이 기능주의의 공간도 또 다른 용도를 받아들일 수 있는 자유로운 공간이 된다. 가령 폐교를 지역 미술관으로 바꾼다고 하자. 그러면 이 폐교는 미술관이라는 타자와 만나게 된다. 미술관은 이런 폐교를 안 만나고 이미 정해진 대로 새로이 지어질 수 있다. 그러나 폐교를 고쳐서 만든 곳과는 사뭇 다르다. 그 차이만큼 공간에 지난 용도와 생활, 기억을 미술관에 담아낼 수 있다. 그리고 작가와 작품의 관계도 달리 드러낼 수 있다.

상황주의자들도 이와 비슷한 생각을 했다. 그들은 르 코르뷔지에의 도시계획이 기능주의로 사람들의 생활을 이리저리 잘라놓고 자본주의에 봉사하게 만들었다고 비판했다. 그리고 생활의 전체상을 회복하는 도시를 다시 짜야 한다고 주장했다. 예를 들어 교회를 전용하는 것, 공원을 야간 개방하는 것, 미술관을 없애고 길거리나 술집에서 전시하는 것 등이다. 교회를 전용하는 것은 같은 공간과 형태를 다른 용도로 사용하자는 아이디어다. 그런데 공원을 야간에 개방하는 것은 하나의 빌딩 타입을 시간적인 관계에서 다른 빌딩 타입에 대응하는 것이고, 미술관을 없애고 길거리나 술집에서 전시한다는 것은 이미 있는 빌딩 타입에 고정하지 않고 그 용도를 전혀 다른 빌딩 타입에 대입하는 것이다.

1   Paul-Alan Johnson, *The Theory of Architecture: Concepts Themes & Practices*, Wiley, 1994, p. 1.

2   Harry Francis Mallgrave, David J. Goodman, *An Introduction to Architectural Theory*, Wiley-Blackwell, 1968; Marco Diani(ed.), Catherine Ingraham(ed.), *Restructuring Architectural Theory*, Northwestern University Press, 1989; Hanno-Walter Kruft, *A history of architectural theory: from Vitruvius to the present*, Princeton Architectural Press, 1994; Paul-Alan Johnson, *The Theory of Architecture: Concepts Themes & Practices*, Wiley, 1993; Kate Nesbitt(ed.), *Theorizing a New Agenda for Architecture: An Anthology of Architectural Theory 1965–1995*, Princeton Architectural Press, 1996; K. Michael Hays(ed.) *Architecture Theory since 1968*, The The MIT Press, 2000; Harry Francis Mallgrave(ed.), Christina Contandriopoulos(ed.), *Architectural Theory: Volume I – An Anthology from Vitruvius to 1870*, Wiley-Blackwell, 2006. *Architectural Theory: Volume II – An Anthology from 1871 to 2005*, Wiley-Blackwell, 2008; A. Krista Sykes(ed.), *Constructing a New Agenda for Architecture: Architectural Theory 1993–2009*, Princeton Architectural Press, 2010; Korydon Smith(ed.), *Introducing Architectural Theory: Debating a Discipline*, Routledge, 2012.

3   엘리오 피논 지음, 이병기 옮김, 『파울루 멘지스 다 호샤』, 아키트윈스, 2015, 19-20쪽.

4   David Leatherbarrow, *The Roots of Architectural Invention: Site, Enclosure, Materials*, Cambridge University Press, 1993, pp. 217-220.

5   르 코르뷔지에 지음, 최정수 옮김, 『르 코르뷔지에의 동방여행』, 안그라픽스, 2010, 58쪽, 316쪽.

6   Vitruvius, *Vitruvius: The Ten Books on Architecture*, Dover Publications. 1960, Book 1, Chapter 1-2(비트루비우스 지음, 모리스 히키 모건 편저, 오덕성 옮김, 『건축십서』, 기문당, 제1서 1장과 2장)

7   José Guilherme Merquior, *Foucault*, Fontana Press, 1985, p. 85.

8   더 상세한 것은 Thomas Gordon Smith, *Vitruvius on Architecture*, The Monacelli Press, 2004, pp. 15-25 참조.

9   森田慶一, 建築論, 東海大學出版會, 1978, p. 178.

10   Vitruvius, *Vitruvius: The Ten Books on Architecture*, Dover Publications, 1960, Book 1, Chapter 2(비트루비우스 지음, 모리스 히키 모건 편저, 오덕성 옮김, 『건축십서』, 기문당, 제1서 2장)

11   Philip Ursprung(ed.), *Herzog & de Meuron: Natural History*, Lars Müller Publishers, 2003. 〈헤르초크와 드 뫼롱 - 마음의 고고학〉이라는 전시에 맞춰 출간되었으며, 서문은 캐나다 건축센터장인 니콜라스 올스버그(Nicholas Olsberg)가 썼다.

12   Philip Ursprung(ed.), *Herzog & de Meuron: Natural History*, Lars Müller Publishers, 2003, p. 8.

13   Peter Collins, *Changing Ideals in Modern Architecture– 1750–1950*, McGill-Queen's University Press, 1973, p. 16(피터 콜린스, 이정수 외 옮김, 『근대건축의 이념과 변화』, 태림문화사, 1989, xiv)

14   가라타니 고진 지음, 권기돈 옮김, 『탐구2』, 새물결, 1998, 122쪽.

15   조정희, 「평미레질을 시작하면서」「實實, 한국 학문의 평미레」「實實의 어원적 의미」, 《오마이뉴스》(2002) http://www.ohmynews.com/NWS_Web/View/at_pg.aspx?CNTN_CD = A0000076121 등.

16   김창식은 "내용 없는 사고는 공허하며, 개념 없는 직관은 맹목적이다."로 번역된 것이 많다고 하며, 'Anschauungen'은 '직관'이라기보다 '관점'이나 '통찰'을 뜻하고, 직관Unmittelbare Erkenntnis을 뜻하는 라틴어 어원인 'Intuition'이란 단어가 따로 있으므로 '직관'이라고 번역된 것은 잘못이라고 말한다. http://www.freecolumn.co.kr/news/quickViewArticleView.html?idxno = 2370

17   ライプニツ, 河野与一(訳), 形而上学叙説(岩波文庫), 岩波書店, 1950, p. 85.

18   John Summerson, "The Mischievous Analogy", *Heavenly Mansions and Other Essays on Architecture*, The Cresset Press, 1949, pp. 195-218.

19   Peter Collins, *Changing Ideals in Modern Architecture, 1750–1950*, McGill-Queen's University Press, 1973, pp. 147-182(피터 콜린스, 이정수 외 옮김, 『근대건축의 이념과 변화, 1750-1950』, 태림문화사, 1989, 151-191쪽)

20   Philip Steadman, *The Evolution of Designs: Biological Analogy in Architecture and the Applied Arts*, Cambridge University Press, 1979.

21   Adrian Forty, "Function", *Words and Buildings, A Vocabulary of Modern Architecture*, Thames & Hudson. pp. 174-181(에이드리언 포티, 이종인 옮김, 『건축을 말한다』, 미메시스, 2009)

22   Edward Robert De Zurko, *Origins of Functionalist Theory*, Columbia University Press, 1957, pp. 9-14.

23   〈옷과 같은 집 A home like clothes〉 www.ryumitarai.jp/ahomelikeclothes

24   Le Corbusier, *Vers une Architecture*, Editions Flammarion, 1995(1923), p. 54.

25   Frank Lloyd Wright, *The Living City*, Horizon Press, 1958.

26   Joseph Rykwert, *On Adam's House in Paradise: The Idea of the Primitive Hut in Architectural History*, The The MIT Press, 1981, pp. 191-192.

27   Frank Lloyd Wright, *The Living City*, Horizon Press, 1958, pp. 23-24.

28 Anthony Vidler, *The Writing of the Walls: Architectural Theory in the Late Enlightenment*, Princeton Architectural Press, 1987, p. 152.

29 伊東豊雄建築塾, けんちく世界をめぐる10の冒険, 彰国社, 2006, pp. 8-19.

30 アンドレ ルロワ゠グーラン, 身ぶりと言葉, 筑摩書房, 2012, pp. 502 (André Leroi-Gourhan, Le Geste et la Parole, Albin Michel, 1964)

31 이에 대한 중요한 학술적 논의로는 «김승범, 공공 건축물 생산과정에서 토론장과 작업장의 관계», 공학박사 학위논문, 서울대학교 대학원, 2012. 8. (지도교수 김광현)

32 Peter Collins, *Changing Ideals in Modern Architecture, 1750–1950*, McGill-Queen's University Press, 1973, p. 167.

33 알바 알토, 〈건축의 투쟁Architectural Struggle〉, 영국왕립건축가협회RIBA 강연, 1957.

34 Göran Schildt(ed.), *Alvar Aalto: Sketches[Luonnoksia]*, The MIT Press, 1985.

35 Adrian Forty, *Words and Buildings: A Vocabulary of Modern Architecture*, Thames & Hudson, 2000, p.136.

36 彰国社, 『新建築学大系 23 建築計画』, 新建築学大系編集委員会, 1982, pp. 10-11, p. 156.

37 가라타니 고진 지음, 송태욱 옮김, 『탐구 I』, 새물결, 47-48쪽.

38 Rem Koolhaas, Bruce Mau, "The House That Made Mies", *S, M, X, XL*, 010 Publishers, 1995, p. 63. epiphany를 Epiphany로 쓰면 세 명의 동방박사에게 예수의 탄생을 드러내는 것으로 예수 공현公顯이라고 한다.

39 Alessandra Latour(ed.), "Silence and Light"(1969), *Louis Kahn: Writings, Lectures, Interviews*, Rizzoli, 1991, pp. 248-257

40 같은 책, pp. 264-265.

41 같은 책, pp. 234-246.

42 Paul Lewis, Marc Tsurumaki, David J. Lewis, *Manual of Section*, Princeton Architectural Press, 2016, pp. 6-7.

43 도학에서 액소노메트릭은 정축투상正軸投象 중에서 등각투상等角投象인 아이소메트릭isometric과는 다른 것이다. 아이소메트릭은 삼차원의 축이 각각 120°가 되어 평면이 마름모꼴로 일그러지지만, 평면을 그대로 두고 수직축에도 실장을 투상한 것을 일반적으로 액소소메트릭이라고 부르고 있다. 이것은 도학에서 사축투상斜軸投象, oblique projection이 된다.

44 レオン・バティスタ・アルベルティ, '序文', 建築論, 中央公論美術出版, 1998, p. 5(Leon Battista Alberti, De re aedificatoria)

45 Steen Eiler Rasmussen, *Experiencing Architecture*, The MIT Press, 1964, p. 14.

46 レオン・バティスタ・アルベルティ, 建築論, 中央公論美術出版, 1998, 第9書 第11章, pp. 299-300(Leon Battista Alberti, De re aedificatoria)

47 스피로 코스토프 편저, 우동선 옮김, 『아키텍트: 인류의 가장 오래된 직업, 건축가 5천 년의 이야기』, 효형출판, 2011, 275쪽 재인용. John Soane, *Plans, elevations, and sections of buildings*, 1788, p. 7; Spiro Kostof(ed.), *The Architect: Chapters in the History of the Profession*, University of California Press, 2000, p.194.

48 "The designation 'architect' is generally reserved by law or custom to a person who is professionally and academically qualified and generally registered/ licensed/certified to practice architecture in the jurisdiction in which he or she practices and is responsible for advocating the fair and sustainable development, welfare, and the cultural expression of society's habitat in terms of space, forms, and historical context." UIA Accord on Recommended International Standards of Professionalism in Architectural Practice, 1999. 6.

49 나폴레옹이 자기를 비판한 프랑스의 관념학파를 경멸하여 부른 말로, 추상적인 논의에 열중하는 공론가라는 뜻도 있다.

50 鈴木博之, «建築の世紀末», 晶文社, 1977, pp. 235-249에서 이 문제를 상세히 다루고 있다.

51 건축가의 직능에 관한 서적은 그리 많지 않고 잘 읽히지도 않는다. 이에 대한 내용은 본 책이 가장 상세하다. Spiro Kostof, *The Architect: Chapters in the History of the Profession*, Oxford University Press, 1977(스피로 코스토프 지음, 우동선 옮김, 『아키텍트: 인류의 가장 오래된 직업, 건축가 5천 년의 이야기』) 그는 이 책에서 "역사의 각 시대에 건축가는 어떻게 그 직능을 갖게 되었나? 각 시대의 건축가는 어떤 교육과 훈련을 거쳐 직능을 숙련했는가? 어떻게 의뢰인을 발굴하고 그들과 의견을 교환하였는가? 설계를 실행하는 데 어느 정도 감리하고 지휘하였는가? 직무 수행의 범위와 한계는 어느 정도였는가? 당대 사회는 건축가에 대해 어떻게 생각했는가? 건축가에게 주어진 명예와 보수는 어느 정도였는가?" 하는 문제를 탐구한다.

52 마이클 헤이스 지음, 봉일범 옮김, 『1968년 이후의 건축이론』, 「미셸 푸코, '공간, 지식 그리고 권력'」, Spacetime, 2003, 572쪽.

53 같은 책, 575쪽.

54, 55 한나 아렌트 지음, 이진우·태정호 옮김, 『인간의 조건』, 한길사, 2001, 289쪽. 번역 일부 고침.

56 Helen Rosenau, *Social Purpose in Architecture*, Studio Vista, 1970.

57 이 책의 이름은 아주 길다. '아름다움, 위대함, 특이함이 현저한 고대와 근대, 모든 종류의 건물의 도집 및 비교Recueil et parallèle des édifices de tout genre, anciens et modernes, remarquables par leur beauté, par leur grandeur ou par leur singularité'

58 Joan Ockman, Keith Eggener(ed.), "Mirror Image: Technology, Consumption and the Representation of Gender in American Architecture since World War II" *American Architectural History: A Contemporary Reader*. Routledge, 2004, p. 342.

59   Nikolaus Pevsner, *A History of Building Types*, Princeton University Press, 1976.

60   지크프리트 기디온 지음, 김경준 옮김, 『공간·시간·건축Space Time and Architecture』, 시공문화사, 1998, 228쪽.

61   아나톨 콥 지음, 건축운동연구회 옮김, 『소비에트 건축(진보건축연구 1)』 「5장 우리 시대를 위한 사회적 응축기의 창조, 발언」, 1991(Anatole Kopp, *Constructivist Architecture in the USSR*, St Martins Pr, 1986)

62   Spiro Kostof, *A History of Architecture: Settings and Rituals*, Oxford University Press, 1995, p. 35.

63   多木浩二,「もの」の詩学―家具、建築、都市のレトリック, 岩波現代文庫, p. 82.

64   학교 등 근대 빌딩 타입과 권력에 관한 연구서를 추천한다. 토머스 마커스 지음, 유우상·김정규·문정민 옮김, 『권력과 건축공간: 근대사회 성립과정에 나타난 건축의 자유와 통제Buildings & Power: Freedom and Control in the Origin of Modern Building Types』, 시공문화사, 2006.

65   이광노 외 지음, 『건축계획』, 문운당, 2005, 188쪽.

66   지크프리트 기디온 지음, 김경준 옮김, 『공간·시간·건축Space Time and Architecture』, 시공문화사, 1998, 234쪽.

67   볼프강 슈벨부시 지음, 박진희 옮김, 『철도여행의 역사』, 궁리, 1999, 239쪽.

68   같은 책, 220-221쪽.

69   Alessandra Latour(ed.), 'Order is', *Louis Kahn: Writings, Lectures, Interviews*, Rizzoli International Publications, 1991, p. 58.

70   Hans Ibelings, "10+1", *Supermodernism*, No.19, 2000, p. 186(Hans Ibelings, *Supermodernism: architecture in the age of globalization*, NAi, 1998)

71   정인하, 『현대 건축과 비표상』, 아카넷, 2006, 266쪽에서 재인용.

72   Ian Chambers, *Border Dialogue – Journeys in Postmodernity*, Routledge, 1990, p. 58.

73   Chuihua Judy Chung, Jeffrey Inaba, Rem Koolhaas, Sze Tsung Leong, *The Harvard Design School Guide to Shopping: Harvard Design School Project on the City 2*, Taschen, 2002, p. 133.

74   같은 책, p. 129.

75   Walter Benjamin, Howard Eiland and Kevin McLaughlin(trans.), *The Arcades Project, M The Flâneur[M3a, 4]*, Harvard University Press, 2002, p. 423(발터 베냐민 지음, 조형준 옮김, 『아케이드 프로젝트』, 새물결, 2005, 977-978쪽)

도판 출처

로지에의 <원시적 오두막집> ©
Marc-Antoine Laugier, *AnEssai sur l'Architecture*

엘 에스코리알 궁전 평면도 © Diana
Agrest, *Architecture from Without*,
The MIT Press, 1993, p. 36

르 코르뷔지에의 파르테논과 자동차 ©
Le Corbusier, *Vers une Architecture*,
Editions Flammarion, 1995(1923),
pp. 106-107

오귀스트 슈아지의 액소노메트릭 도법 ©
Histoire de l'Architecture, Hachette
Livre BNF, 1991(1899)

존 헤이더의 다이아몬드 프로젝트 ©
Socks Studio

고대 도시 팀가드 © J. B. Ward-Perkins,
Roman Imperial Architecture,
Penguin Books, 1981

르 코르뷔지에의 빛나는 도시 © Diana
Agrest, *Architecture from Without*,
The MIT Press, 1993, p. 43

비트라 하우스 © Arch2O

알바 알토의 리스틴 교회 © 김광현

구아리노 구아리니의 산 로렌초 성당 돔
© J. Kunst

렘 콜하스의 보르도 주택 ©
a2.images.divisare.com

안토니 가우디의 카사 밀라 © 김광현

베르사유 궁전 © ToucanWings,
Creative Commons

렘 콜하스의 'Y2K' 주택계획 © Pinterest,
https://visionaridelcostruibile.files.wordp
ress.com/2011/11/y2k.jpg

미스 반 데어 로에의 크뢸러뮐러 주택 ©
Franz Schulze, *Mies van der Rohe: A
Critical Biography*, University of Chica
Press, 1985, p. 63

17세기 학교의 빌딩 타입 © Thomas A.
Markus, *Buildings and Power: Freedom
and Control in the Origin of Modern
Building Types*, Routledge, 1993

렌초 피아노의 간사이국제공항
여객터미널 평면도 © architectural-
review.com

12세기 건축가 위그 리베르지에 ©
Palauenc05, Wikimedia Commons

몽고메리 워드 안내서 ©
buildingchicago.wordpress.com

파리식물원 © Jebulon,
Wikimedia Commons

노스랜드센터 전경 ©
Architect's Newspaper

대학가의 Room and Cafe © 김광현

학생 Y의 발표 자료 © 김광현

19세기 파사주 풍경 ©
The Jewish Museum

베이징의 798 예술구 © 김광현

이 책에 수록된 도판 자료는 독자의
이해를 돕기 위해 지은이가 직접
촬영하거나 수집한 것으로, 일부는 참고
자료나 서적에서 얻은 도판입니다. 모든
도판의 사용에 대해 제작자와 지적 재산권
소유자에게 허락을 얻어야 하나, 연락이
되지 않거나 저작권자가 불명확하여
확인받지 못한 도판도 있습니다. 해당
도판은 지속적으로 저작권자 확인을 위해
노력하여 추후 반영하겠습니다.